中文版

CorelDRAW
图形创意设计
实战案例解析

田欢　王鑫————编著

U0293260

清華大学出版社

北 京

内 容 简 介

本书全面、系统地剖析了 CorelDRAW 软件在热门行业中的实际应用，注重实践与理论相结合。本书共设置 25 个精美实用案例，大部分案例的讲解均以"设计思路"+"配色方案"+"版面构图"+"技术要点"+"操作步骤"的方式组织，可以方便零基础的读者由浅入深地学习 CorelDRAW 软件，从而循序渐进地提升操作 CorelDRAW 软件的技能。

本书共分 10 章，内容包括标志设计、VI 设计、海报设计、广告设计、UI 设计、包装设计、书籍设计、服装设计、网页设计、电商美工设计。

本书不仅可以作为平面设计、广告设计、电商设计、服装设计等专业人员的参考书籍，也可以作为大中专院校相关专业和相关培训机构的教材，同时还可以供设计爱好者学习使用。

图书在版编目 (CIP) 数据

中文版 CorelDRAW 图形创意设计实战案例解析 / 田欢，王鑫编著 . —北京：清华大学出版社，2023.7

ISBN 978-7-302-64102-5

Ⅰ . ①中… Ⅱ . ①田… ②王… Ⅲ . ①图形软件 Ⅳ . ① TP391.412

中国国家版本馆 CIP 数据核字 (2023) 第 131193 号

责任编辑：韩宜波
封面设计：杨玉兰
版式设计：方加青
责任校对：翟维维
责任印制：曹婉颖

出版发行：清华大学出版社
　　　　网　　　址：http://www.tup.com.cn，http://www.wqbook.com
　　　　地　　　址：北京清华大学学研大厦 A 座　　　　　邮　　编：100084
　　　　社 总 机：010-83470000　　　　　　　　　邮　　购：010-62786544
　　　　投稿与读者服务：010-62776969，c-service@tup.tsinghua.edu.cn
　　　　质 量 反 馈：010-62772015，zhiliang@tup.tsinghua.edu.cn
印 装 者：北京嘉实印刷有限公司
经　　销：全国新华书店
开　　本：185mm×260mm　　　印　　张：17.5　　　字　　数：423 千字
版　　次：2023 年 8 月第 1 版　　　印　　次：2023 年 8 月第 1 次印刷
定　　价：79.80 元

产品编号：093169-01

　　CorelDRAW是Corel公司推出的矢量绘图软件，广泛应用于平面设计、广告设计、UI设计、电商美工设计、服装设计等领域。鉴于CorelDRAW在相关领域的应用度之高，我们编写了《中文版CorelDRAW图形创意设计实战案例解析》。本书选择了行业中较为实用的25个精美案例，基本涵盖了应用该软件的常见设计项目。

　　与同类书籍的编写方式相比，本书最大的特点在于更加侧重以行业常用案例为核心，以理论分析作为依据，使读者既能掌握案例的制作流程和方法，又能了解行业理论知识和案例设计思路。

本书内容

　　第1章　标志设计，包括标志设计概述、标志设计实战。

　　第2章　VI设计，包括VI设计概述、VI设计实战。

　　第3章　海报设计，包括海报设计概述、海报设计实战。

　　第4章　广告设计，包括广告设计概述、广告设计实战。

　　第5章　UI设计，包括UI设计概述、UI设计实战。

　　第6章　包装设计，包括包装设计概述、包装设计实战。

　　第7章　书籍设计，包括书籍设计概述、书籍设计实战。

　　第8章　服装设计，包括服装设计概述、服装设计实战。

　　第9章　网页设计，包括网页设计概述、网页设计实战。

　　第10章　电商美工设计，包括电商美工设计概述、电商美工设计实战。

本书特色

　　◎ 涵盖领域多。本书涵盖了标志设计、VI设计、海报设计、广告设计、UI设计、包装设计、书籍设计、服装设计、网页设计、电商美工设计10大主流应用行业，一书在手，数技在身。

　　◎ 学习易上手。本书案例虽然为中大型实用案例，但是讲解方式由浅入深，操作步骤详细，即使零基础的读者，也能轻松学会。

◎ 理论结合应用实践。本书每章都安排了行业的基础理论概述，每个案例都配有"设计思路""配色方案""版面构图"等板块，让读者不仅能学会软件操作，还能懂得设计思路，从而可以融会贯通，更快地提高设计能力。

本书案例中涉及的企业、品牌、产品以及广告语等文字信息均属虚构，只用于辅助教学使用。

本书由田欢、王鑫编著，其中，兰州职业技术学院的田欢老师编写了第1章和第6～10章，共计216千字；兰州职业技术学院的王鑫老师编写了第2～5章，共计186千字。其他参与本书内容编写和整理工作的还有杨力、王萍、李芳、孙晓军、杨宗香。

本书提供了案例的素材文件、效果文件以及视频文件，扫一扫右侧的二维码，推送到自己的邮箱后下载获取。

由于作者水平有限，书中难免存在疏漏和不妥之处，敬请广大读者批评指正。

编　者

第5章　UI设计

第4章　广告设计

第6章　包装设计

第 7 章　书籍设计

第 8 章　服装设计

第9章 网页设计

第10章 电商美工设计

标志设计

· 本章概述 ·

　　标志是体现品牌形象的标记与符号，因此在其设计之初就必须了解并依据相应的设计规则和要求进行设计，才能设计出符合产品本身特性、市场需求、大众审美的标志。本章主要从认识标志、标志构成的类型、标志设计的表现形式等方面来介绍标志设计。

标志设计概述

1.1.1 认识标志

标志是一种视觉语言符号，它以区别于其他对象为前提，是突出事物特征属性的一种标记与符号。它以传达某种信息，凸显某种特定内涵为目的，以图形或文字等方式呈现。

在原始社会，每个氏族或部落都有其特殊的记号（图腾），一般选用一种认为与本氏族或部落有某种神秘关系的动物或自然物象，这是标志最早产生的形式。无论是国内还是国外，标志最初都是采用生活中的各种图形的形式。可以说，它是商标标识的萌芽。如今标志的形式多种多样，不再仅仅局限于生活中的图形，更多的是以所要传达的综合信息为目的，成为企业的"代言人"，如图1-1所示。

图1-1

标志既是消费者与产品之间沟通的桥梁，也是人与企业之间形成的对话。在当今社会，标志设计成为了一种"身份的象征"。穿越大街小巷，各种标志映入眼帘。即使一家小小的店铺也会有属于自己的标志，如图1-2所示。

图1-2

标志就是一张融合了对象所要表达内容的标签，是企业品牌形象的代表。它将所要传达的内容以精练而独特的形象呈现在大众眼前，成为一种记号并吸引消费者的注意。标志在现代社会具有不可替代的地位，其功能主要体现在以下几点。

向导功能： 标志为消费者起到一定的导向作用，同时能扩大商品或企业的影响。

区分功能：标志可以区分不同的产品和品牌，并为拥有该产品的企业创造一定的品牌价值。

保护功能：它为消费者提供了质量保证，同时也为企业提供了品牌保护的功能。

1.1.2 标志的类型

从标志的构成方式来看，标志大体可以分为三种：以文字为主的标志、以图形为主的标志以及图文结合的标志。

以文字为主的标志中，汉字、字母及数字较为常见。其主要通过对文字的加工处理进行设计，根据不同的象征意义进行有意识的文字设计，如图1-3所示。

图1-3

以图形为主的标志，可分为具象图形及抽象图形。图形标志相较于文字标志更加清晰明了，易于理解，如图1-4所示。

图1-4

图文结合的标志是以图形加文字的形式进行设计的。其表现形式更为多样，效果也更为丰富饱满，应用的范围更为广泛，如图1-5所示。

图1-5

1.1.3 标志设计的表现形式

1. 具象形式的标志

具象形式的标志是对客观存在的物象进行模仿性的表达，特征鲜明、生动，但又不失原有的象征意义。其素材有人物、动物、植物、器物、建筑物及景观造型等，如图1-6所示。

图1-6

2. 抽象形式的标志

抽象形式的标志是将几何图形或符号进行有创意的编排与设计。利用抽象图形的自然属性所带给消费者的视觉感受而赋予其一定的内涵与寓意，以此来表现设计主体所蕴含的深意。常用的图形元素有三角形、圆形、多边形等，如图1-7所示。

图1-7

3. 文字形式的标志

文字形式的标志是指将汉字、拉丁字母、数字等文字作为设计母体进行创意表达的标志形式。文字本身就具有意、形等多种属性，文字形式的标志是利用文字和标志形象组合的表现形式。它既有直观意义，又有引申和暗含意义，依设计主体而异。例如传统书法字体的使用：楷书给人带来稳重端庄的视觉效果，而隶书给人带来精致古典之感。不同的汉字给人的视觉冲击不同，其意义也不同，如图1-8所示。

图1-8

1.2 标志设计实战

1.2.1 实例：纺织面料企业标志

设计思路

案例类型：

本案例为纺织面料企业的标志设计项目，如图1-9所示。

图1-9

项目诉求：

企业标志是企业品牌形象的重要组成部分，要求通过设计一个有表现力的标志来传递企业的品牌理念和价值观。

设计定位：

该企业属于纺织行业，因此标志设计不仅需要突出行业特色，而且需要展现企业在行业中的地位和竞争优势。本项目的标志选取企业名称的首字母并结合纺织品纹理进行设计。字母A作为第一个字母，代表企业争做行业"龙头"的决心。同时，同心圆的线条也能够使人联想到纺织品纹理，从而能更好地展现企业的特色。

配色方案

该标志采用无彩色的配色方案，有规律的黑色线条能够让人联想到纺织品的纹理，在白色底色的衬托下，密集的纹理也不会显得凌乱，如图1-10所示。

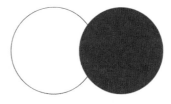

图1-10

版面构图

为了表现品牌的经典和稳重特点，该标志采用文字和图形相结合的设计风格。其中使用了品牌名称的首字母作为基础图形，并通过重复和叠加的方式组成了一个独特的图案。整体设计风格给人一种庄重而典雅的感觉，并且极具仪式感。

本案例制作流程如图1-11所示。

图1-11

技术要点

● 使用"形状工具"调整字母A的形状。

● 使用"轮廓图工具"制作纹理图案。

● 将纹理图案应用于文字内。

操作步骤

1 执行"文件"｜"新建"命令，在打开的"创建新文档"对话框中设置"宽度"为297.0mm，"高度"为150.0mm，"方向"为横向，"分辨率"为300dpi，如图1-12所示。

图1-12

2 单击OK按钮，得到一个新文档，如图1-13所示。

图1-13

3 双击工具箱中的"矩形工具"按钮，新建一个与画板等大的矩形，如图1-14所示。

图1-14

4 选中矩形，右击右侧调色板中的"无"按钮，去除其轮廓色，如图1-15所示。

图1-15

5 选择工具箱中的"交互式填充工具"，在其属性栏中单击"均匀填充"按钮，单击"填充色"按钮，在打开的下拉面板中选择淡黄色，如图1-16所示。

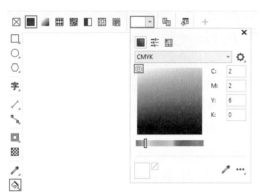

图1-16

6 此时画面效果如图1-17所示。

图1-17

7 选择工具箱中的"文本工具"，在画板以外的空白位置单击，插入光标后输入文字。选中文字，在属性栏中设置合适的字体与字号，如图1-18所示。

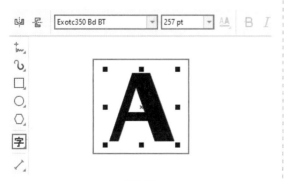

图1-18

8 去除文字轮廓，选中文字，单击鼠标右键，在弹出的快捷菜单中选择"转换为曲线"命令，如图1-19所示。

图1-19

9 选择工具箱中的"形状工具"，按住鼠标左键拖动，框选字母"A"内部的节点，如图1-20所示。

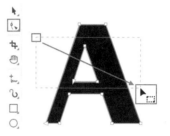

图1-20

10 释放鼠标，即可选中矩形范围内的节点，按Delete键将其删除，如图1-21所示。

按 Delete 键

图1-21

11 此时画面效果如图1-22所示。

图1-22

12 选择工具箱中的"椭圆形工具"，在空白位置按住Ctrl键的同时按住鼠标左键拖动，绘制一个正圆，如图1-23所示。

13 选中正圆，左击窗口右侧调色板中的白色色块，为其填充颜色，如图1-24所示。

图1-23

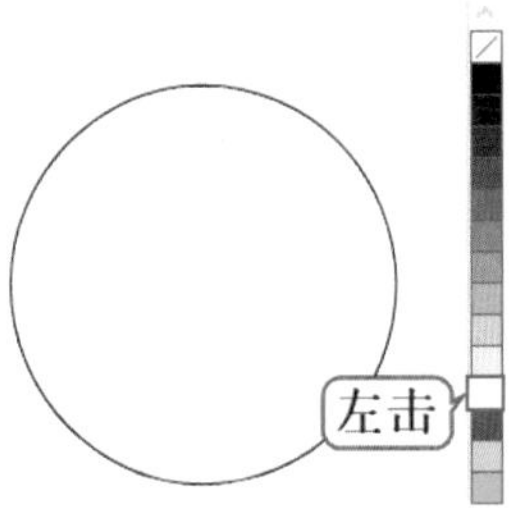

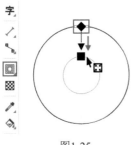

图1-24

14 选中正圆，选择工具箱中的"轮廓图工具"，在正圆上按住鼠标左键向内拖动，如图1-25所示。

图1-25

15 至合适位置时释放鼠标，然后在属性栏中单击"到中心"按钮，设置"轮廓偏移"为1.3mm，"轮廓色"为黑色，"填充色"为白色，如图1-26所示。

图1-26

16 继续使用同样的方法制作其他三个正圆，如图1-27所示。

图1-27

17 选择工具箱中的"选择工具"，选中左下方正圆，单击鼠标右键，在弹出的快捷菜单中选择"顺序"|"到页面背面"命令，如图1-28所示。

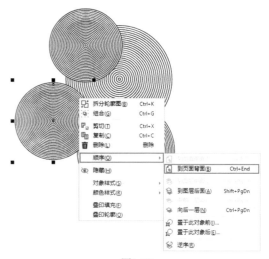

图1-28

18 使用Ctrl+G组合键进行组合，此时图案制作完成，效果如图1-29所示。

图1-29

⑲ 选中文字，执行"对象"|"顺序"|"到页面前面"命令，然后将其摆放至图案上方的合适位置，如图1-30所示。

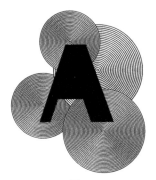

图1-30

⑳ 选中图案，执行"对象"|PowerClip|"置于图文框内部"命令，将光标移动至字母"A"上单击，如图1-31所示。

图1-31

㉑ 此时画面效果如图1-32所示。

图1-32

㉒ 选中字母A，将其移动至画板内，如图1-33所示。

㉓ 选择工具箱中的"文本工具"，在画面中单击插入光标，输入文字后在属性栏中设置合适的字体、字号，如图1-34所示。

图1-33

图1-34

㉔ 选中文字，选择工具箱中的"形状工具"，将光标移动至文字右下角的 处，按住鼠标左键将其向右拖动，调整文字之间的间距，至合适间距时释放鼠标，如图1-35所示。

图1-35

㉕ 此时本案例制作完成，效果如图1-36所示。

图1-36

1.2.2 实例：健身机构标志

设计思路

案例类型：

本案例为健身机构的标志设计项目，如图1-37所示。

图1-37

项目诉求：

健身机构以"运动融入生活"为理念，设计师需要在标志中突出这一理念，传达该机构不仅是提供健身服务的场所，更是一种将健康运动融入日常的生活方式。同时要展现积极向上、活力和健康的品牌形象。

设计定位：

根据企业的理念，为了迎合年轻消费群体的特点，该健身机构在标志设计中需要体现力量感和轻松感。同时标志需要突出该健身机构的个性化和专业化，凸显其在健身行业中的独特性和专业性，以提高品牌识别度和市场竞争力。

配色方案

标志的颜色选择了单一的青色，青色是一种清新、振奋人心的颜色，可以展现健康、积极、活力等特点。同时，青色的单一运用也能够使标志更加简洁明了，容易在市场中被识别和记忆。

而且，当下许多健身机构多采用红、黄、黑等颜色进行配色，以青色为标志颜色的机构较少，因此该颜色能够轻松地与同行进行区分，如图1-38所示。

图1-38

版面构图

该标志采用流行的图形化设计，将机构缩写字母进行倾斜和变形，打造出棱角分明的字形，彰显年轻人的个性和风格。加粗、加大后的图形更容易被人长久地记忆。

本案例制作流程如图1-39所示。

图1-39

图1-39（续）

● 使用"矩形工具"与造型功能制作标志图形。
● 使用"文本工具"与"文本"泊坞窗制作标志中的文字。

操作步骤

1 执行"文件"|"新建"命令，新建一个合适大小的空白文档，如图1-40所示。

图1-40

2 双击工具箱中的"矩形工具"按钮，新建一个与画板等大的矩形，如图1-41所示。

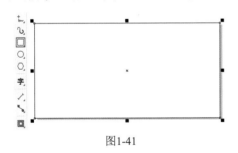

图1-41

3 选中矩形，去除其轮廓色，选择工具箱中的"交互式填充工具"，在属性栏中单击"均匀填充"按钮，设置"填充色"为浅青色，如图1-42所示。

4 选择工具箱中的"矩形工具"，在画面中按住鼠标左键拖动，至合适位置时释放鼠标绘制一个矩形，并为其填充青色，如图1-43所示。

图1-42

图1-43

5 继续使用同样的方法绘制其他的矩形，如图1-44所示。

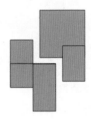

图1-44

6 使用工具箱中的"选择工具"选中这几个矩形，单击属性栏中的"焊接"按钮，将其焊接为一个图形，如图1-45所示。

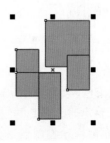

图1-45

7 此时画面效果如图1-46所示。

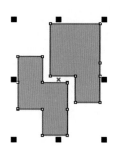

图1-46

8 选择工具箱中的"矩形工具"，在焊接图形的右侧按住Ctrl键的同时按住鼠标左键拖动，绘制一个正方形，如图1-47所示。

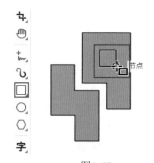

图1-47

9 使用工具箱中的"选择工具"选中焊接图形与正方形，单击属性栏中的"移除前面对象"按钮，将正方形从焊接图形中减去，如图1-48所示。

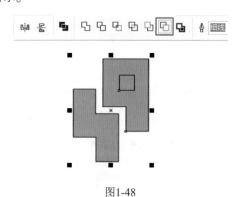

图1-48

10 去除正方形轮廓色，如图1-49所示。

11 选中该图形，然后调出旋转框，按住Ctrl键的同时按住鼠标左键拖动控制点进行旋转，如图1-50所示。

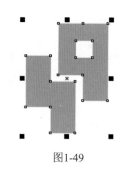

图1-49

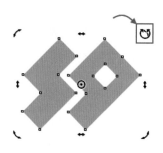

图1-50

12 选择工具箱中的"矩形工具"，在图形的下方按住鼠标左键拖动，绘制一个矩形，如图1-51所示。

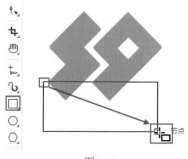

图1-51

13 选中两个图形，单击属性栏中的"移除前面对象"按钮，如图1-52所示。

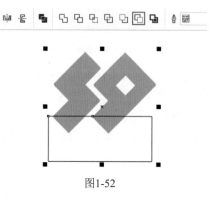

图1-52

⑭ 此时画面效果如图1-53所示。

图1-53

⑮ 选择工具箱中的"矩形工具"，在图形的右侧按住Ctrl键的同时按住鼠标左键拖动，绘制一个正方形，如图1-54所示。

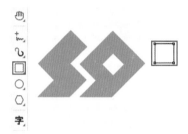

图1-54

⑯ 选中正方形，然后使用Ctrl+C组合键进行复制，再使用Ctrl+V组合键进行粘贴，对其进行中心等比例缩放，如图1-55所示。

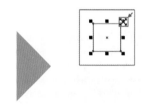

图1-55

⑰ 选中两个正方形，单击属性栏中的"移除前面对象"按钮，制作出镂空的图形，如图1-56所示。

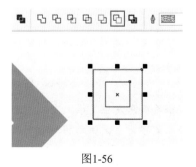

图1-56

⑱ 选中镂空图形，在属性栏中设置"旋转角度"为45.0°，并去除其轮廓色，填充为青色，效果如图1-57所示。

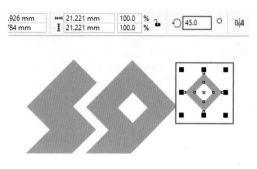

图1-57

⑲ 选择工具箱中的"文本工具"，在镂空图形的下方插入光标，在属性栏中设置合适的字体与字号，输入文字，并将其颜色更改为青色，如图1-58所示。

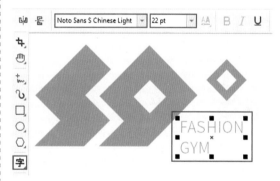

图1-58

⑳ 选择最后一行文字，在属性栏中更改其字体，如图1-59所示。

图1-59

㉑ 选中文字，执行"窗口"|"泊坞窗"|"文本"

命令，在打开的"文本"泊坞窗中单击"段落"按钮，设置"行间距"为68.0%，如图1-60所示。

图1-60

图1-61

㉒ 选择工具箱中的"2点线工具"，在字母"S"与菱形镂空图形之间绘制一条直线，然后在属性栏中设置"轮廓宽度"为1.25px，"轮廓色"为青色，如图1-61所示。

㉓ 此时本案例制作完成，效果如图1-62所示。

图1-62

1.2.3 实例：童装品牌标志

设计思路

案例类型：

本案例为童装品牌的标志设计项目，如图1-63所示。

图1-63

项目诉求：

该童装品牌主要服务0～12岁的儿童，追求"品质""个性"和"独立"的品牌理念。其标志的设计需要能够快速地建立品牌形象，并打造品牌内涵，从而提高品牌知名度。

设计定位：

随着80后、90后成为家长，他们的价值观、消费意识和审美观念发生了很大变化，选择品牌开始注重其品质和个性。因此，在标志设计上，该童装品牌以文字为主、简约的卡通形象为辅，整体效果简单、大方，又不失可爱。

配色方案

该品牌的标志以绿色为主色调，给人活泼、朝气蓬勃的感觉。该标志没有使用具有性别指向的蓝色或粉色，而是选择绿色这种能够涵盖更广受众面积的颜色。黑色的文字醒目突出，起到较好的宣传作用，如图1-64所示。

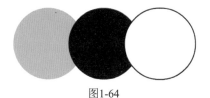

图1-64

版面构图

该标志主要以文字为主，图形作为辅助元素。文字承担着传递信息的功能，而简约的卡通图案则为标志添加了趣味性和活力，让消费者与标志产生情感上的互动。值得一提的是，"i"字母和小熊图案的鼻子共用一个圆形，进一步增加了图案与文字之间的互动性。

本案例制作流程如图1-65所示。

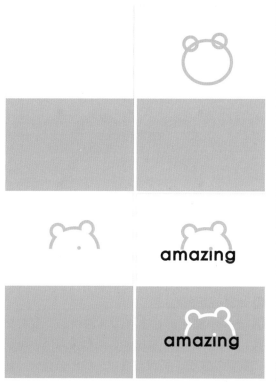

图1-65

技术要点

● 使用造型功能将多个图形合并为一个图形。
● 使用"裁剪工具"裁剪去部分图形。

操作步骤

1 执行"文件"|"新建"命令，新建一个合适大小的空白文档，如图1-66所示。

图1-66

2 选择工具箱中的"矩形工具"，在画面中按住鼠标左键拖动，绘制一个矩形，并去除其轮廓色，填充为白色，如图1-67所示。

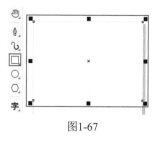

图1-67

3 选中矩形，按住鼠标左键将其向下拖动，至合适位置时单击鼠标右键，将其快速复制一份，并将其颜色更改为绿色，如图1-68所示。

图1-68

❹ 选择工具箱中的"椭圆形工具",在画面中按住鼠标左键拖动,绘制一个椭圆形,如图1-69所示。

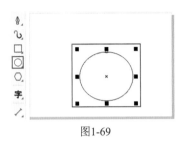

图1-69

❺ 选中椭圆形,在属性栏中设置"轮廓宽度"为15.0px,并将其轮廓色更改为绿色,如图1-70所示。

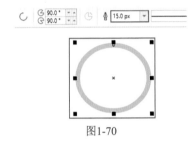

图1-70

❻ 选择工具箱中的"椭圆形工具",按住Ctrl键的同时拖动鼠标,绘制一个正圆,如图1-71所示。

图1-71

❼ 选中该正圆,选择工具箱中的"属性滴管工具",将光标移动至椭圆上单击,拾取其轮廓属性,如图1-72所示。

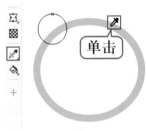

图1-72

❽ 将光标移动至正圆上单击,即可赋予其相同的属性,如图1-73所示。

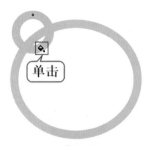

图1-73

❾ 选中正圆,按住鼠标左键将其向右拖动,至合适位置时单击鼠标右键,将其快速复制一份,如图1-74所示。

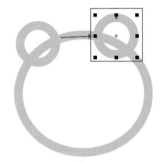

图1-74

❿ 选中正圆与椭圆,单击属性栏中的"焊接"按钮,将其合并为一个图形,如图1-75所示。

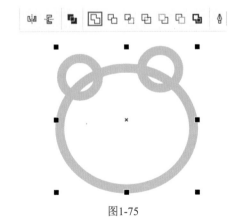

图1-75

⓫ 此时画面效果如图1-76所示。

⓬ 选中小熊图形,选择工具箱中的"裁剪工具",按住鼠标左键拖动,绘制裁剪框,单击"裁剪"按钮,将裁剪框以外的部分剪去,如图1-77所示。

图1-76

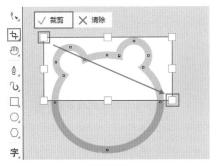

图1-77

⓭ 选择工具箱中的"文本工具"，在画面中单击后输入文字内容，使用工具箱中的"选择工具"选择文字，在属性栏中设置合适的字体、字号，如图1-78所示。

图1-78

⓮ 选中文字，执行"对象"|"转换为曲线"命令，效果如图1-79所示。

图1-79

⓯ 选择工具箱中的"形状工具"，框选字母"i"上方的正圆，按Delete键将其删除，如图1-80所示。

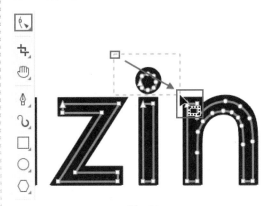

图1-80

⓰ 此时画面效果如图1-81所示。

图1-81

⓱ 选择工具箱中的"椭圆形工具"，在字母"i"的上方按住Ctrl键的同时拖动鼠标，绘制一个正圆，并去除其轮廓色，为其填充绿色，如图1-82所示。

图1-82

⓲ 选中小熊图案与下方的文字，按住鼠标左键将其向下拖动，至合适位置时单击鼠标右键，即可将其快速复制一份，如图1-83所示。

⓳ 选中绿色的小熊图形与正圆，将其颜色更改为白色，如图1-84所示。

⓴ 至此本案例制作完成，效果如图1-85所示。

17

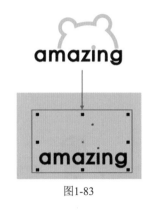

图1-83

图1-84

图1-85

1.2.4　实例：线上水果销售企业标志

设计思路

案例类型：

　　本案例为应用于移动客户端的线上水果销售企业标志设计项目，如图1-86所示。

图1-86

项目诉求：

　　该App面向大中型城市的年轻人，主打一年365天、每天24小时，随时随地满足其吃到新鲜水果的愿望。若想吃水果，只需轻松点击，半小时之内新鲜的水果就能送上门。另外水果不仅分类齐全、新鲜，而且配送及时。该标志设计要求突出App的功能性，并且符合年轻人的喜好。

设计定位：

  根据商家基本要求，从水果中选择具有代表性的西瓜作为主要设计元素。西瓜除了可以代表水果本身外，还能很好地"拟人化"，将西瓜设计为笑脸的形状，非常合适。为了凸显年轻化，设计风格偏向扁平化、描边感的效果。

配色方案

  该标志整体采用高纯度的配色方案，使用的颜色非常丰富，整体给人营造一种清新、活力的视觉氛围。标志以红色为主色调，给人鲜明、热烈的感觉；青色、黑色、白色、黄色均为点缀色，白色能够衬托标志中的颜色，黑色的描边具有强调的作用。画面中的颜色虽然丰富，但是除红色外其他颜色所占面积较小，因此不会使人产生混乱之感，如图1-87所示。

图1-87

版面构图

  该标志以拟人化的西瓜作为主要元素，吸引年轻男女的注意，拉近消费者与企业的距离。笑脸的设计与西瓜外形相呼应，使标志变得更为灵动，同时给人一种亲切、愉悦之感。

  该标志主要采用中轴型的构图方式，并通过线与面进行搭配，在近年来较为流行的扁平化风格中融入拟人化元素。同时，线条、烟花与圆形的使用，增强了版面的细节效果，如图1-88所示。

图1-88

本案例制作流程如图1-89所示。

图1-89

技术要点
- 使用"形状工具"调整路径形态。
- 使用"钢笔工具"绘制图形。
- 使用"变换"泊坞窗制作环绕的图形。

操作步骤

1. 制作标志主体图形

❶ 执行"文件"|"新建"命令，新建一个大小合适的空白文档，如图1-90所示。

图1-90

❷ 双击工具箱中的"矩形工具"按钮，创建一个与画板等大的矩形，并去除其轮廓色，为其填充浅青色，如图1-91所示。

图1-91

❸ 选择工具箱中的"椭圆形工具"，在画面中按住鼠标左键拖动绘制圆形。选中圆形，在属性栏中单击"饼形"按钮，设置"起始角度"为180.0°，"结束角度"为0.0°，如图1-92所示。

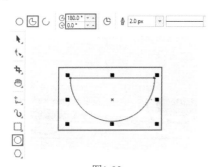

图1-92

❹ 选中半圆，双击界面下方的"轮廓笔"按钮，在打开的"轮廓笔"对话框中设置"宽度"

为83px，"角"为圆角，"线条端头"为圆形端头，单击OK按钮，如图1-93所示。

图1-93

❺ 执行"对象"|"转换为曲线"命令，效果如图1-94所示。

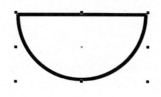

图1-94

❻ 选择工具箱中的"形状工具"，将光标移动至路径上，双击添加节点。选择该节点，单击属性栏中的"断开曲线"按钮，如图1-95所示。

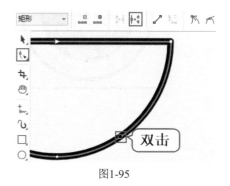

图1-95

❼ 继续使用同样的方法在该曲线上添加三个节点，并单击属性栏中的"断开曲线"按钮，如图1-96所示。

❽ 使用工具箱中的"选择工具"选中曲线，单击鼠标右键，在弹出的快捷菜单中选择"拆分曲线"命令，然后选中部分拆分后的短曲线，按Delete键将其删除，效果如图1-97所示。

图1-96

图1-97

⑨ 继续使用同样的方法将另一条断开的曲线删除，然后选中曲线，使用Ctrl+G组合键进行组合，如图1-98所示。

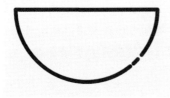

图1-98

⑩ 使用"椭圆形工具"绘制一个圆形，去除其轮廓色，为其填充青色。选中圆形，在属性栏中单击"饼形"按钮，设置"起始角度"为180.0°，"结束角度"为0.0°，如图1-99所示。

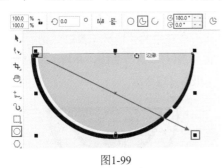

图1-99

⑪ 继续使用同样的方法绘制白色的稍小一些的正圆，并去除其轮廓色，如图1-100所示。

图1-100

⑫ 选中黑色的半圆描边，执行"对象"|"顺序"|"到页面前面"命令，将其置入画面最前方，如图1-101所示。

图1-101

⑬ 使用"椭圆形工具"绘制一个圆形，为其填充红色。在属性栏中设置"轮廓宽度"为83.0px，单击"饼形"按钮，设置"起始角度"为180.0°，"结束角度"为0.0°，如图1-102所示。

图1-102

⑭ 选择工具箱中的"椭圆形工具"，在属性栏中单击"椭圆形"按钮，在红色半圆上按住Ctrl键绘制一个正圆，并去除其轮廓色，为其填充黑色，如图1-103所示。

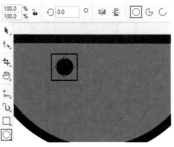

图1-103

⑮ 继续使用同样的方法在红色半圆上绘制其他的正圆，如图1-104所示。

图1-104

⑯ 选择工具箱中的"钢笔工具"，在两个浅红色正圆之间绘制一个嘴巴图形，并去除其轮廓色，为其填充黑色，如图1-105所示。

图1-105

⑰ 继续使用工具箱中的"钢笔工具"在嘴巴图形上绘制一个稍浅一些的红色舌头图形。此时水果图形制作完成，效果如图1-106所示。

图1-106

2. 制作装饰图形

❶ 选择工具箱中的"2点线工具"，在水果图形的下方按住Shift键拖动鼠标绘制一条直线，如图1-107所示。

图1-107

❷ 选中直线，双击界面下方的"轮廓笔"按钮，在打开的"轮廓笔"对话框中设置"宽度"为50.0px，"角"为圆角，"线条端头"为圆形端头，单击OK按钮，如图1-108所示。

图1-108

❸ 此时图形效果如图1-109所示。

图1-109

❹ 选择工具箱中的"形状工具"，多次在直线上单击，添加节点并在属性栏中单击"断开曲线"按钮，将其断开为多条曲线，如图1-110所示。

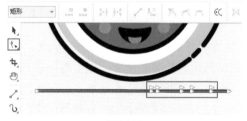

图1-110

❺ 选择工具箱中的"选择工具"，选中直线，使用Ctrl+K组合键拆分曲线，并将多余的小线段删除，如图1-111所示。

图1-111

6 选择工具箱中的"椭圆形工具",在水果图形的上方位置按住Ctrl键的同时按住鼠标左键拖动,绘制正圆,去除其轮廓色,为其填充蓝色,如图1-112所示。

7 继续使用同样的方法绘制其他的正圆,并为其填充合适的颜色,如图1-113所示。

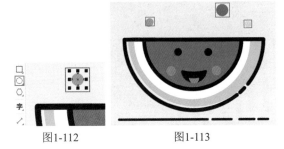

图1-112　　　　　　图1-113

8 继续使用工具箱中的"椭圆形工具"在画面中绘制一个正圆,并在属性栏中设置"轮廓宽度"为38.0px,更改轮廓色为青色,如图1-114所示。

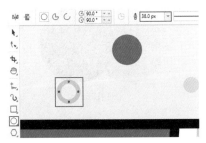

图1-114

9 选择工具箱中的"矩形工具",在属性栏中设置"圆角半径"为1.5mm,在画面中按住鼠标左键拖动,绘制一个圆角矩形,并去除其轮廓色,为其填充黄色,如图1-115所示。

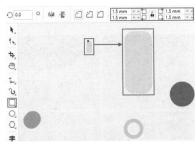

图1-115

10 双击该圆角矩形,按住鼠标左键拖动中心控制点,将其缩放至合适大小,如图1-116所示。

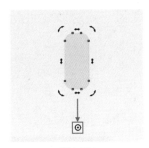

图1-116

11 执行"窗口"|"泊坞窗"|"变换"命令,打开"变换"泊坞窗,单击"旋转"按钮,在泊坞窗中设置"角度"为45.0°,"副本"为8,单击"应用"按钮,如图1-117所示。

图1-117

12 此时画面效果如图1-118所示。

13 继续使用同样的方法制作如图1-119所示的图形。

图1-118　　　　　　图1-119

14 此时本案例制作完成,效果如图1-120所示。

图1-120

1.2.5 实例：新能源企业标志

设计思路

案例类型：

本案例为新能源企业的标志设计项目，如图1-121所示。

图1-121

项目诉求：

该新能源企业希望其标志能够传递绿色环保、科技创新的品牌理念，同时突出企业的核心业务，即清洁能源的研发、生产和销售。标志应该具有简洁明了的视觉效果，易于识别和记忆，并符合行业标准和趋势。

设计定位：

新能源企业属于新兴行业，标志设计需要融入该行业的特征，从而更好地展现企业的定位和特色。因此，该企业的标志应该具有现代感、未来感和可持续发展的特征，体现企业的专业形象和市场竞争力。

配色方案

为了让该标志更好地体现作为一家主打清洁能源的公司的特点，本案例采用绿色作为主色调，强调了健康环保和可持续发展的企业理念；为了让标志颜色更加丰富和具有科技感，本案例选择了绿色系的渐变作为主色调，以丰富标志的色彩。同时，采用黑色作为辅助色，这种沉稳大气的颜色突出了企业严肃、认真的工作态度，如图1-122所示。

图1-122

版面构图

该标志采用文字型的设计，将图形与文字结合起来。通过给文字添加色彩和图形的装饰，使标志更容易给人留下深刻的印象。标志的设计运用了曲线和圆形作为装饰元素，象征着完美和圆满。同时也给人饱满、流动和轻快的视觉感受。

本案例制作流程如图1-123所示。

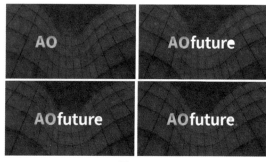

图1-123

- 使用"透明度工具"更改画面色调。
- 使用造型功能切分图形。

操作步骤

1. 制作标志展示的背景

❶ 执行"文件"|"新建"命令，新建一个合适大小的空白文档，如图1-124所示。

图1-124

❷ 执行"文件"|"导入"命令，在打开的"导入"对话框中选择素材"1.jpg"，单击"导入"按钮，如图1-125所示。

图1-125

❸ 将光标移动至画板左上角，按住鼠标左键向右下方拖动，至右下角时释放鼠标，如图1-126所示。

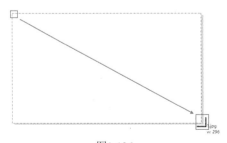

图1-126

❹ 此时图形效果如图1-127所示。

❺ 双击工具箱中的"矩形工具"按钮，创建一个与画板等大的矩形，执行"对象"|"顺序"|"到页面前面"命令，并在右侧的调色板中去除其轮廓色，为其填充黑色，如图1-128所示。

图1-127

图1-128

❻ 选中矩形，选择工具箱中的"透明度工具"，在属性栏中设置"合并模式"为"颜色"，如图1-129所示。

图1-129

❼ 在选中矩形的状态下，使用Ctrl+C组合键进行复制，接Ctrl+V组合键进行粘贴，然后选择工具箱中的"透明度工具"，在属性栏中单击"均匀透明度"按钮，设置"合并模式"为"常规"，"透明度"为20，如图1-130所示。

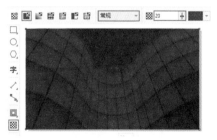

图1-130

2. 制作标志主体

1 选择工具箱中的"文本工具"，在画板以外的空白位置单击插入光标，接着在属性栏中设置合适的字体与字号，然后输入字母A，如图1-131所示。

图1-131

2 使用工具箱中的"选择工具"选中文字，单击鼠标右键，在弹出的快捷菜单中选择"转换为曲线"命令，如图1-132所示。

图1-132

3 选择工具箱中的"钢笔工具"，在字母上绘制图形，如图1-133所示。

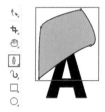

图1-133

4 使用工具箱中的"选择工具"框选灰色图形与字母，单击属性栏中的"相交"按钮，如图1-134所示。

图1-134

5 选中灰色图形，将其移动至空白位置，然后

选中文字上半部分的新对象，将其颜色更改为灰色，如图1-135所示。

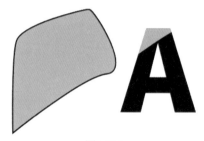

图1-135

6 选中字母"A"，选择工具箱中的"交互式填充工具"，在属性栏中单击"渐变填充"按钮，接着单击"线性渐变填充"按钮，选中左侧的节点，单击"节点颜色"按钮，在下拉面板中将其颜色更改为绿色，如图1-136所示。

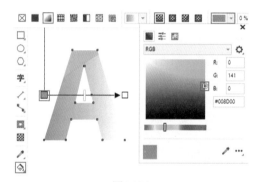

图1-136

7 单击右侧节点，在浮动控件里单击"节点颜色"按钮，将其设置为绿色，如图1-137所示。

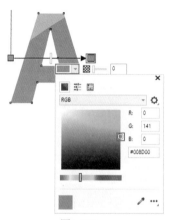

图1-137

8 在控制柄上方双击可以添加新节点，并更改节点颜色，如图1-138所示。

图1-138

⑨ 选择工具箱中的"交互式填充工具"，按住鼠标左键在字母A上拖动，调整渐变效果，如图1-139所示。

图1-139

⑩ 选中字母左上角的灰色图形，再选择工具箱中的"交互式填充工具"，单击属性栏中的"渐变填充"按钮，接着编辑一个绿色系的渐变，在图形上拖动，调整渐变效果，如图1-140所示。

图1-140

⑪ 使用与字母A同样的方法制作字母"O"，如图1-141所示。

图1-141

⑫ 选择工具箱中的"文本工具"，在字母"O"的右侧单击插入光标，在属性栏中设置合适的字体与字号，接着输入文字，如图1-142所示。

图1-142

⑬ 选中文字，执行"窗口"|"泊坞窗"|"文本"命令，在打开的"文本"泊坞窗中单击"字符"按钮，设置"字距调整范围"为-30%，如图1-143所示。

图1-143

⑭ 设置完成后，文本效果如图1-144所示。

图1-144

⑮ 选择工具箱中的"矩形工具"，在字母"e"上按住鼠标左键拖动，绘制一个矩形，并去除其轮廓色，为其填充白色，如图1-145所示。

图1-145

⑯ 选中矩形与文字，单击属性栏中的"焊接"按钮，将其合并为一个图形，如图1-146所示。

图1-146

⑰ 此时画面效果如图1-147所示。

AOfuture

图1-147

⑱ 选择工具箱中的"椭圆形工具"，在画面中的空白位置按住Ctrl键的同时按住鼠标左键拖动，绘制一个正圆，去除其轮廓色，为其填充黑色，如图1-148所示。

图1-148

⑲ 选择工具箱中的"钢笔工具"，在正圆上绘制三个细长的图形，并去除其轮廓色，为其填充任意颜色，如图1-149所示。

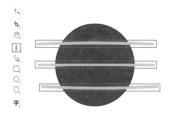

图1-149

⑳ 选中正圆与绿色图形，单击属性栏中的"移除前面对象"按钮，从正圆内移除绿色图形，如图1-150所示。

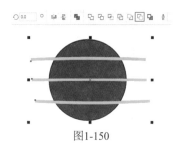

图1-150

㉑ 此时图形效果如图1-151所示。

㉒ 选择工具箱中的"钢笔工具"，在黑色正圆上方绘制一个图形，并去除其轮廓色，为其填充任意颜色，如图1-152所示。

㉓ 选择黄色图形与正圆，单击属性栏中的"相交"按钮，如图1-153所示。

㉔ 移除黄色图形，选择新对象，更改其颜色，如图1-154所示。

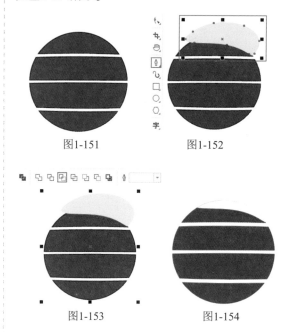

图1-151　　　　　　图1-152

图1-153　　　　　　图1-154

㉕ 继续使用同样的方法得到另外三个对象，如图1-155所示。

图1-155

㉖ 选中黑色正圆，单击鼠标右键，在弹出的快捷菜单中选择"拆分曲线"命令或者使用Ctrl+K组合键，将其拆分为多个图形，如图1-156所示。

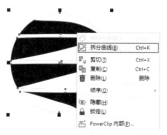

图1-156

㉗ 选择最上方的白色图形，再选择工具箱中的"交互式填充工具"，在属性栏中单击"渐变填

充"按钮，并在右侧单击"线性渐变填充"按钮，选中节点，编辑一个绿色系的渐变，设置完成后在正圆上拖动，调整渐变效果，如图1-157所示。

图1-157

28 继续使用同样的方法为其他图形填充绿色系的线性渐变，如图1-158所示。

图1-158

29 选择整个正圆，按Ctrl+G组合键进行组合，然后双击该图形，按住鼠标左键拖动控制点，将其旋转至合适角度，如图1-159所示。

图1-159

30 选中该正圆，将其移动至字母"e"上，并按住鼠标左键将其适当缩小，如图1-160所示。

图1-160

31 选中整个文字，将其移动至画面中，并将黑色文字更改为白色，效果如图1-161所示。

图1-161

32 选择工具箱中的"椭圆形工具"，在文字的右下角按住Ctrl键拖动，绘制一个正圆，并将其轮廓色更改为白色，如图1-162所示。

图1-162

33 再次选择工具箱中的"文本工具"，在正圆内输入文字，如图1-163所示。

图1-163

34 此时本案例制作完成，效果如图1-164所示。

图1-164

第**2**章

VI 设计

· **本章概述** ·

在经济全球化、科学信息化、文化多元化的潮流中，企业在经济浪潮中的竞争愈演愈烈。VI 设计是企业及品牌的重要组成部分，好的 VI 设计在一定程度上能够有效地促进企业的发展以及品牌影响力的扩大。本章主要从认识 VI、VI 设计的主要组成部分等方面来介绍 VI 设计。

2.1 VI设计概述

2.1.1 认识VI

VI即英文visual identity的缩写，通常翻译为视觉识别。VI设计是根据企业文化、产品品牌的特征进行的一系列"包装"，以此区别其他企业和其他产品，它是企业和品牌的无形资产。VI设计在企业发展中的地位和作用是不容忽视的，它能够为企业树立良好的品牌形象，从而提高企业的知名度，保持企业稳定良好的发展趋势，如图2-1所示。

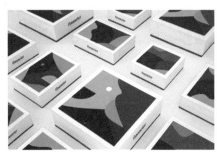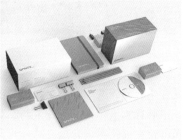

图2-1

VI是CIS的重要组成部分。CIS全称为corporate identity system，通常翻译为企业形象识别。CIS主要由企业的理念识别（mind identity）、行为识别（behavior identity）、视觉识别（visual identity）三部分构成。其中，VI是用视觉形象来进行个性识别。

VI作为企业的外在形象，浓缩了企业特征、信誉和文化，代表着其品牌的核心价值。它是传播企业经营理念、建立企业知名度、塑造企业形象的最便捷途径，如图2-2所示。

图2-2

2.1.2 VI设计的主要组成部分

企业的VI是塑造产品品牌的重要因素，只有表现出鲜明的企业特征、良好的企业形象才能更好地宣传企业品牌，为企业创造更多的价值。VI设计的主要内容包括基础部分和应用部分两大部分。

1. 基础部分

基础部分是视觉识别系统的核心，主要包括品牌名称、品牌标志、标准字体、品牌标准色、品牌象征图形、品牌吉祥物以及禁用规则等部分。

1）品牌名称

品牌名称即企业的命名。企业的命名方法有很多种，如直接以名字命名或以名字的首字母命名，还有以地方命名或以动物、水果、物体命名等方式。品牌名称浓缩了品牌的特征、属性、类别等信息。通常品牌名称要求简单、明确、易读、易记忆，且能够引发联想，如图2-3所示。

图2-3

2）品牌标志

品牌标志是在掌握品牌文化、背景、特色的前提下，利用文字、图形、色彩等元素设计出来的标记或者符号。品牌标志又称为商标，其与品牌名称一样都是构成完整的品牌的要素。品牌标志通常以直观、形象的形式向消费者传达品牌信息，起到塑造品牌形象、创造品牌认知的作用，可以为企业及品牌创造更多的价值，如图2-4所示。

图2-4

3）标准字体

标准字体是指经过设计的、专门用来表现企业名称或品牌的字体，也称为专用字体、个性字体等。标准字体包括企业名称标准字和品牌标准字的设计，更具严谨性、说明性和独特性，强化了企业形象和品牌的诉求，并且达到视觉和听觉同步传递信息的效果，如图2-5所示。

SUSIE DOREEN	Noto Sans S Chinese	宁静致远·墅芯铭居	书体坊赵九写
SUSIE DOREEN	方正仿宋简体	宁静致远.墅芯铭居	华文宋体
SUSIE DOREEN	方正黑体简体	宁静致远.墅芯铭居	等线 Bold
SUSIE DOREEN	庞门正道标题体	ABCDEFG abcdefg	等线 Light

图2-5

4）品牌标准色

品牌标准色是象征企业或产品特性的指定颜色，是建立统一形象的视觉要素之一，能正确地反映品牌理念的特质、属性和情感，以快速而准确地传达企业信息为目的。标准色有单色标准色、复合标准色、多色系统标准色等类型。标准色设计必须要体现企业的经营理念和产品特性，突出竞争企业之间的差异性，并符合消费心理，如图2-6所示。

图2-6

5）品牌象征图形

品牌象征图形也称为辅助图案，是为了有效地辅助视觉系统的应用。象征图形在传播媒介中可以丰富整体内容，强化企业的整体形象，如图2-7所示。

图2-7

6）品牌吉祥物

品牌吉祥物是为了配合广告宣传，为企业量身打造的人物、动物、植物等拟人化的造型。企业以这种方式拉近消费者与品牌的距离，使得整个品牌形象更加生动、有趣，让人印象深刻，如图2-8所示。

图2-8

2. 应用部分

应用部分一般是在基础部分的视觉要素基础上进行延展设计。将VI基础部分中设定的规则应用到各个应用部分的元素上，以求一种同一性、系统性来加强品牌形象。应用部分主要包括办公事务用品、产品包装、交通工具、服装服饰、广告媒体、内外部建筑、陈列与展示、印刷品、网络推广等。

1）办公事务用品

办公事务用品主要包括名片、信封、便笺、合同书、传真函、报价单、文件夹、文件袋、资料袋、工作证、备忘录、办公用具等，如图2-9所示。

图2-9

2）产品包装

产品包装包括纸盒包装、纸袋包装、木箱包装、玻璃包装、塑料包装、金属包装、陶瓷包装等多种材料形式的包装。产品包装不仅能保护产品在运输过程中不受损害，还能起到传播企业品牌形象的作用，如图2-10所示。

图2-10

3）交通工具

交通工具包括业务用车、运货车等企业的各种车辆，如轿车、面包车、巴士、货车、工具车等，如图2-11所示。

图2-11

4）服装服饰

统一的服装服饰设计，不仅可以在与受众面对面的服务领域起到辨识作用，还能提高品牌员工的归属感、荣誉感、责任感，在一定程度上可以提升工作效率。VI系统中的服装服饰部分主要包括制服、工作服、文化衫、领带、工作帽、纽扣、肩章等，如图2-12所示。

图2-12

5）广告媒体

广告媒体主要包括各种报纸、杂志、招贴广告等媒介方式。采用各种类型的媒体和广告形式，能够快速、广泛地传播企业信息，如图2-13所示。

图2-13

6）内外部建筑

VI系统中，建筑外部的应用主要包括建筑造型、公司旗帜、门面招牌、霓虹灯等。建筑内部的应用主要包括各部门标识牌、楼层标识牌、形象牌、旗帜、广告牌、POP广告等，如图2-14所示。

图2-14

7）陈列与展示

陈列与展示部分是以突出品牌形象为目的，对企业产品、文化以及发展历史等内容进行的展示宣传活动。其主要包括橱窗展示、会场设计展示、货架商品展示、陈列商品展示等，如图2-15所示。

图2-15

8）印刷品

VI系统中的印刷品主要是指设计编排一致、具有固定印刷字体和排版格式，并将品牌标志和标准字体统一安置于某一特定的版式，以营造一种统一的视觉形象为目的的印刷物。其主要包括企业简介、商品说明书、产品简介、年历、宣传明信片等，如图2-16所示。

图2-16

9）网络推广

网络推广是指基于互联网平台的企业或品牌宣传的方式，常见的形式有企业或品牌的官方网站、电商平台中的店铺页面、H5页面、网页广告等，不同平台的页面设计都要符合VI系统的风格与规范，如图2-17所示。

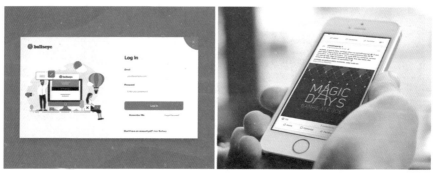

图2-17

2.2 VI设计实战

2.2.1 实例：美妆品牌VI设计

设计思路

案例类型：

本案例为面向中高端市场的女性美妆品牌的VI设计项目，如图2-18所示。

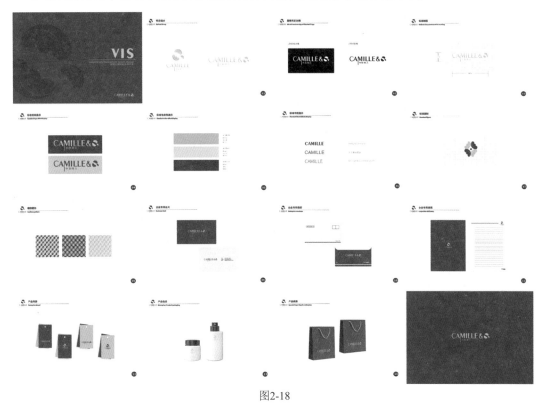

图2-18

项目诉求：

该品牌主打天然、纯净、高效、科技特色，通过天然萃取精华替换常规的化学防腐剂和香精香料，让产品温和无负担。VI设计要凸显品牌形象，突出品牌特色，让消费者在市场上一眼就能识别出该品牌，提高品牌的知名度和美誉度。

设计定位：

中高端美妆品牌的VI设计需要注重品牌形象的高端感、品质感和时尚感，可从色彩搭配、字体选择、图形构成等几个方面进行设计，打造一个高端、时尚的品牌形象，吸引目标消费者的注意，提升品牌价值。

配色方案

色彩是VI设计中非常重要的元素，应该选取能够传达品牌定位的高端色彩，如香槟金色、金属灰色、深蓝色、纯白色等，同时也需要考虑色彩的可搭配性。本案例采用香槟金色作为标志的主色，给人高端、典雅的视觉感受，符合产品的市场定位。而且采用了渐变色的方式进行配色，两种同类色的配色让标志形成了颜色的变化与过渡，这样的色彩可以采用烫金的形式，通过光泽感的变化起到突出标志的作用。以深蓝色作为辅助色，深蓝色蕴含高贵、深邃、内敛的气质，与香槟金色搭配，散发出浓郁的高雅气息，如图2-19所示。

图2-19

版面构图

整套VI设计的重点是标志的制作。图形部分以羽毛为基本形态，像羽毛从天空飘落一样，让人联想到温柔、轻盈和洁净。文字分为中文和英文两部分，英文为主要部分，中文为辅助部分。即使不认识英文，也可以迅速了解品牌的名称。辅助图形部分是标志中的部分图案重组得到的，它不仅是对标志的延伸，还可以增强企业视觉识别的感染力。此外，名片、纸袋、包装等配套内容也是以标志色和标志图案为基础制作的，以使整体效果一致。

本案例标志部分的制作流程如图2-20所示。

图2-20

技术要点

● 使用"智能填充工具"制作图形。
● 使用"再制"命令制作辅助图形。
● 使用图文框精确剪裁隐藏多余部分。

操作步骤

1.制作标志

① 执行"文件"|"打开"命令，打开素材"1.cdr"。当前文档中包含多个页面，如图2-21所示。

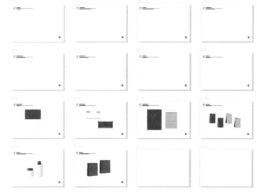

图2-21

② 单击选中页1，在此页面中制作标志，使用工具箱中的"椭圆形工具"，在画面中按住Ctrl键拖动鼠标，绘制一个正圆，并在属性栏中设置其"轮廓宽度"为0.01px，如图2-22所示。

图2-22

③ 继续使用同样的方式绘制其他的正圆，接着选中所有圆形，使用Ctrl+G组合键进行组合，如图2-23所示。

④ 选择工具箱中的"智能填充工具"，在属性栏中设置"填充选项"为"指定"，"填充色"为浅上黄色，"轮廓"为"无"，接着在正圆上单击，为其填充颜色，如图2-24所示。

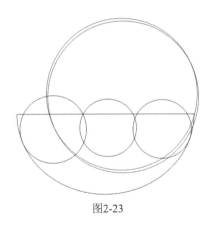

图2-23

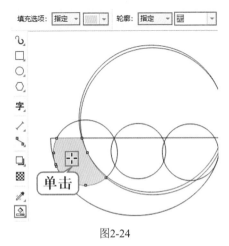

图2-24

5 继续使用同样的方法为其他部分填充颜色，如图2-25所示。

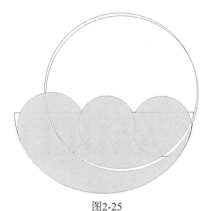

图2-25

6 选中正圆组，将其删除。然后选中除叶柄以外的所有色块，单击属性栏中的"合并"按钮，将其合并为一个树叶的图形，如图2-26所示。

7 选中整个图形，将其旋转至合适角度，如图2-27所示。

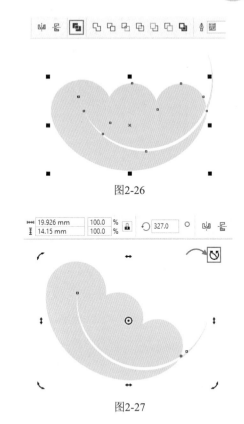

图2-26

图2-27

8 单击工具箱中的"交互式填充工具"，在属性栏中单击"渐变填充"按钮与"线性渐变填充"按钮。然后在图形上按住鼠标左键拖动，为图形添加渐变。编辑渐变颜色，更改渐变效果，如图2-28所示。

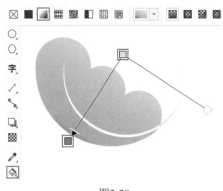

图2-28

9 选中叶子与叶柄图形，按住鼠标左键将其向上拖动，然后单击鼠标右键将其快速复制一份，如图2-29所示。

10 在属性栏中设置其"旋转角度"为194.0°，如图2-30所示。

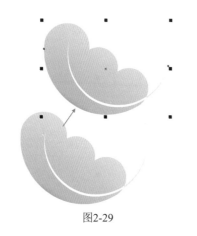

图2-29

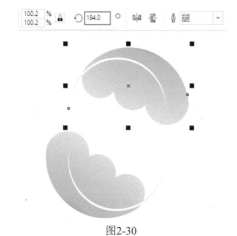

图2-30

⑪ 继续使用相同的方法将叶子再复制一份，并进行缩放和旋转，如图2-31所示。

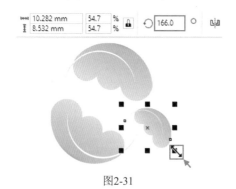

图2-31

⑫ 选中上方的叶子图形，选择工具箱中的"交互式填充工具"，在画面中按住鼠标左键拖动，更改渐变效果，如图2-32所示。

⑬ 继续使用同样的方法更改右侧叶子的渐变效果。选中三个叶子图形，使用Ctrl+G组合键进行组合，如图2-33所示。

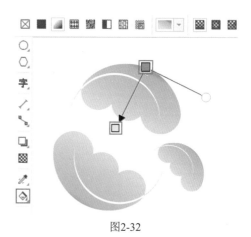

图2-32

图2-33

⑭ 选择工具箱中的"文本工具"，在标志图形的下方单击插入光标，接着在属性栏中设置合适的字体与字号，然后输入文字，如图2-34所示。

图2-34

⑮ 选中文字，然后选择工具箱中的"形状工具"，将光标移动至右侧的 ⑪ 上，按住鼠标左键将其向左拖动，调整文字之间的字间距，如图2-35所示。

⑯ 使用Ctrl+Q组合键将其转换为曲线。选择工具箱中的"形状工具"，框选字母"M"左下角

的两个节点，按住Shift键将其向下拖动，拉长字母"M"，如图2-36所示。

图2-35

图2-38

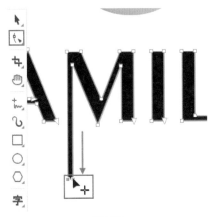

图2-36

⑰ 继续使用该工具调整其他节点，如图2-37所示。

图2-39

图2-37

⑱ 选中文字，然后选择工具箱中的"交互式填充工具"，在属性栏中单击"渐变填充"按钮。接着单击"线性渐变填充"按钮，然后更改节点颜色，编辑渐变效果，如图2-38所示。

⑲ 使用工具箱中的"文本工具"，在字母"M"的延长部分的右侧单击，在属性栏中设置合适的字体与字号，输入文字，如图2-39所示。

⑳ 继续使用同样的方法将文字的颜色更改为金色系的渐变色。此时第一种标志组合效果制作完成，如图2-40所示。

图2-40

㉑ 选中标志，按住鼠标左键将其向右拖动，至合适的位置后单击鼠标右键，快速将其复制一份，如图2-41所示。

图2-41

㉒ 选中标志文字，按住鼠标左键拖动控制点，将其放大至合适大小，如图2-42所示。

㉓ 在英文的后方输入文字，并使用工具箱中的"交互式填充工具"为其添加渐变色，如图2-43所示。

图2-42

图2-43

24 选中标志图形，按住鼠标左键将其拖动至英文的右侧，并将其缩小至合适大小，如图2-44所示。

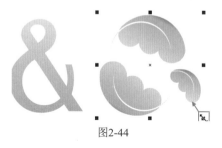

图2-44

25 此时两种标志组合方式制作完成，如图2-45所示。

图2-45

2.制作墨稿与反白稿

1 单击选中页2，选择工具箱中的"文本工具"，在画面中的合适位置单击插入光标，在属性栏中设置合适的字体与字号，然后输入文字，如图2-46所示。

图2-46

2 选择工具箱中的"矩形工具"，在文字的下方拖动，绘制一个矩形，去除其轮廓色，为其填充黑色，如图2-47所示。

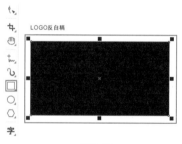

图2-47

3 选中页1中的第二种标志，使用Ctrl+C组合键进行复制，然后使用Ctrl+V组合键进行粘贴，并将其移动至黑色的矩形上，如图2-48所示。

LOGO反白稿

图2-48

4 将标志颜色更改为白色，并调整其大小，如图2-49所示。

5 选中文字、矩形与标志，按住鼠标左键将其向右拖动，至合适位置时单击鼠标右键，即可将其快速复制一份，如图2-50所示。

图2-49

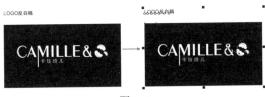

图2-50

6 选中矩形将其删除，接着选中标志，更改标志的颜色为黑色，并调整其位置，如图2-51所示。

图2-51

7 选择工具箱中的"文本工具"，更改左上角文字，如图2-52所示。

图2-52

8 此时墨稿与反白稿制作完成，效果如图2-53所示。

图2-53

3.制作标准制图

1 单击选中页3，选择工具箱中的"表格工具"，在属性栏中设置"行数"为11，"列数"为22，在画面的上方位置按住鼠标左键拖动，绘制一个网格，如图2-54所示。

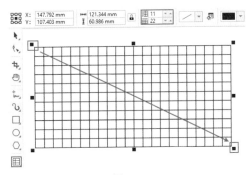

图2-54

2 选中网格，在属性栏中设置"边框选择"为全部，"填充色"为无，"轮廓色"为浅灰色，"轮廓宽度"为"细线"，如图2-55所示。

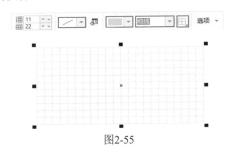

图2-55

3 选中页1中的第二种标志，使用Ctrl+C组合键进行复制，按Ctrl+V组合键进行粘贴，并将其移动至网格内，然后适当调整其大小，如图2-56所示。

图2-56

4 选择工具箱中的"2点线工具"，在网格的左侧按住鼠标左键拖动，绘制一条直线，在属性栏中设置"轮廓宽度"为"细线"，如图2-57所示。

图2-57

5 继续使用同样的方法在画面中绘制其他的直线，如图2-58所示。

图2-58

6 选择工具箱中的"文本工具"，在网格左侧直线之间的空白位置单击，在属性栏中设置合适的字体与字号，输入文字，如图2-59所示。

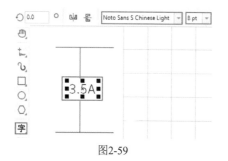

图2-59

7 继续使用工具箱中的"文本工具"，在网格下方直线之间的空白位置输入文字，如图2-60所示。

图2-60

8 此时标准制图制作完成，效果如图2-61所示。

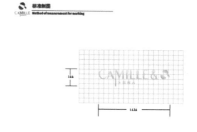

图2-61

4.制作标志展示效果

1 单击选中页4，再选择工具箱中的"矩形工具"，按住鼠标左键拖动，绘制一个矩形，去除其轮廓色，为其填充深褐色，如图2-62所示。

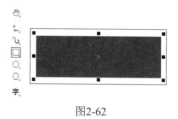

图2-62

2 选中页1中的第二种标志，使用Ctrl+C组合键进行复制，按Ctrl+V组合键进行粘贴，并将其移动至矩形上，然后适当调整其大小，如图2-63所示。

3 选中矩形与标志，按住Shift键将其向下拖动，至合适位置时单击鼠标右键，即可将其快速复制一份，如图2-64所示。

图2-63

图2-64

④ 选中矩形，将其颜色更改为金色，如图2-65所示。

图2-65

⑤ 选中标志，将其颜色更改为深褐色，此时标志展示效果制作完成，效果如图2-66所示。

图2-66

5. 制作标准色与标准字体展示效果

❶ 单击选中页5，再选择工具箱中的"矩形工

具"，按住鼠标左键拖动，绘制一个矩形，去除其轮廓色，为其填充枯叶黄色，如图2-67所示。

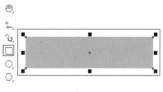

图2-67

❷ 选择工具箱中的"文本工具"，在矩形的右侧单击插入光标，在属性栏中设置合适的字体与字号，输入文字，如图2-68所示。

图2-68

❸ 选中矩形与文字，按住Shift键将其向下拖动，至合适位置时单击鼠标右键将其复制一份，然后继续该操作，如图2-69所示。

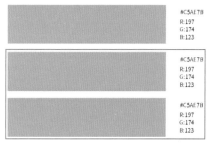

图2-69

❹ 选中第二行矩形，更改填充颜色，并选中右侧的文字，更改文字内容，如图2-70所示。

图2-70

5 继续使用同样的方法更改第三行的矩形颜色与文字，如图2-71所示。

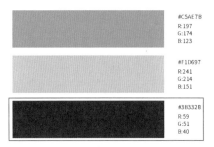

图2-71

6 此时标准色展示效果制作完成，效果如图2-72所示。

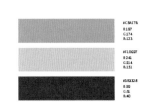

图2-72

7 制作标准字体页面中的内容。单击选中页6，使用工具箱中的"文本工具"，在画面中间单击插入光标，在属性栏中设置合适的字体与字号，输入文字，如图2-73所示。

图2-73

8 继续使用同样的方法在该文字的右侧输入该文字字体的名称，如图2-74所示。

图2-74

9 选中两组文字，按住Shift键将其向下拖动，

至合适位置时单击鼠标右键，将其复制一份，然后继续该操作，如图2-75所示。

图2-75

10 使用工具箱中的"文本工具"，更改第二行与第三行的文字内容，如图2-76所示。

图2-76

11 此时标准字体展示效果制作完成，如图2-77所示。

图2-77

6.制作标准图形与辅助图形

1 选中页3中的网格，使用Ctrl+C组合键进行复制。接着单击选中页7，使用Ctrl+V组合键进行粘贴，然后将其调整到合适的位置，如图2-78所示。

2 选中第一种标志中的叶子图形，使用Ctrl+C组合键进行复制，按Ctrl+V组合键进行粘贴，并将其移动至页7的网格中，如图2-79所示。

3 选中叶子图形，将其颜色更改为灰色，在属性栏中设置"旋转角度"为77.0°，如图2-80所示。

标准图形

图2-78

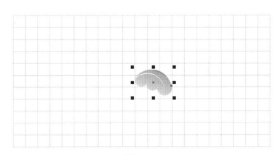

图2-79

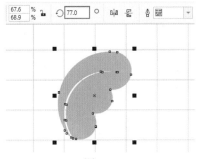

图2-80

④ 选中叶子图形，将其复制一份，单击属性栏中的"水平镜像"按钮，接着将其移动至左侧，并将其颜色更改为深蓝色，如图2-81所示。

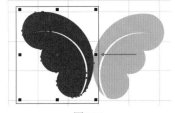

图2-81

⑤ 加选两个叶子图形，按住Shift键的同时按住鼠标左键向上拖动，然后单击鼠标右键，完成移动并复制的操作，如图2-82所示。

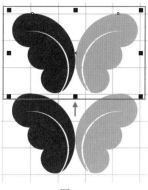

图2-82

⑥ 在选中上方两个图形的状态下，单击属性栏中的"水平镜像"按钮与"垂直镜像"按钮，如图2-83所示。

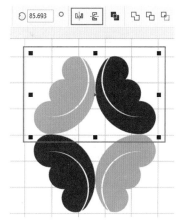

图2-83

⑦ 选择工具箱中的"椭圆形工具"，按住Ctrl键拖动鼠标，在四个图形的中间绘制一个正圆，去除其轮廓色，为其填充黑色，如图2-84所示。

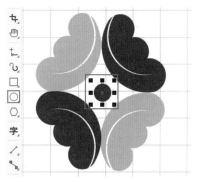

图2-84

⑧ 此时第一种标准图形制作完成，效果如图2-85所示。

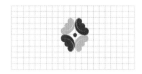

标准图形
CAMILLE Standard figure

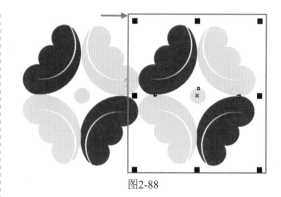

图2-88

⑫ 多次使用"再制"命令（快捷键为Ctrl+D）
以相同的移动距离将该图形进行移动复制，如
图2-89所示。

图2-89

⑬ 将正圆选中后向右下方拖动，拖动到合适位
置后单击鼠标右键，完成移动并复制的操作，如
图2-90所示。

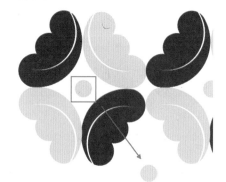

图2-90

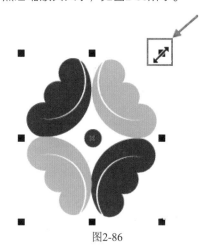

图2-85

⑨ 选中标准图形，使用Ctrl+C组合键进行复制，
按Ctrl+V组合键进行粘贴，并将其移动至页8
中，然后缩放其大小，如图2-86所示。

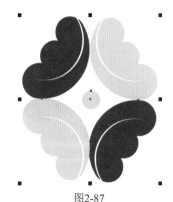

图2-86

⑩ 选中灰色的叶子图形与正圆并将其颜色更改为
金色，如图2-87所示。

图2-87

⑪ 选中该标准图形，按住鼠标左键将其向右拖
动，至合适位置时单击鼠标右键，完成移动并复
制的操作，如图2-88所示。

⑭ 将正圆横向进行复制，使其平均分布在图形
中，如图2-91所示。

图2-91

⑮ 框选所有的图形，按住Shift键的同时按住鼠
标左键向下拖动，至合适位置时单击鼠标右键将
其复制一份，如图2-92所示。

⑯ 多次使用"再制"命令以相同的移动距离将该
图形进行移动复制，得到一个由标准图形构成的
图案。框选图形，使用Ctrl+G组合键进行组合。此

时可以选中图案将其复制一份，放置在空白位置以备使用，如图2-93所示。

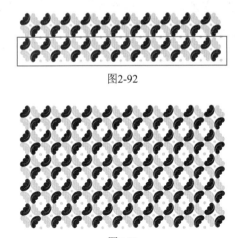

图2-92

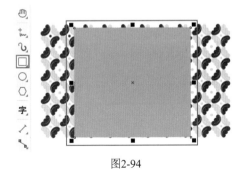

图2-93

17 使用工具箱中的"矩形工具"，按住Ctrl键的同时按住鼠标左键在图案上拖动，绘制一个正方形，去除其轮廓色，为其填充枯叶黄色，如图2-94所示。

图2-94

18 选中图案，执行"对象"｜PowerClip｜"置于图文框内部"命令，接着在矩形上单击，如图2-95所示。

图2-95

19 此时画面效果如图2-96所示。

20 继续使用同样的方法制作另外两种颜色的辅

助图形，如图2-97所示。

21 此时辅助图形制作完成，效果如图2-98所示。

图2-96

图2-97

08

图2-98

7.制作名片、信封、信纸、吊牌、产品包装与手提袋

1 单击选中页9，然后选中页1中的第二种标志，使用Ctrl+C组合键进行复制，按Ctrl+V组合键进行粘贴，并将其移动至页9中的名片背面，如图2-99所示。

图2-99

2 按住Shift键的同时按住鼠标左键拖动控制点，将其进行中心等比例缩小，并摆放至名片背面的中间位置，如图2-100所示。

图2-100

❸ 选择工具箱中的"阴影工具"，按住鼠标左键在标志上拖动为其添加阴影，并在属性栏中设置"阴影颜色"为深蓝色，"阴影不透明度"为20，"阴影羽化"为15，如图2-101所示。

图2-101

❹ 将标志复制一份移动到灰色矩形上方，并更改其颜色和大小，如图2-102所示。

❺ 选择工具箱中的"文本工具"，在标志右侧单击插入光标，在属性栏中设置合适的字体、字号，然后添加文字，如图2-103所示。

❻ 此时名片制作完成，效果如图2-104所示。

❼ 继续使用同样的方法将标志放置在信封、信纸、吊牌、产品包装与纸袋中的合适位置，如图2-105所示。

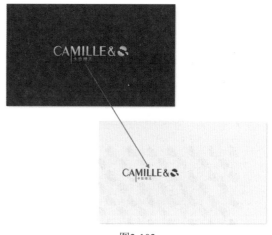

图2-102

图2-103

图2-104

图2-105

8.制作封面与封底

1 单击选中页15，双击工具箱中的"矩形工具"，创建一个与画板等大的矩形，去除其轮廓色，并为其填充深蓝色，如图2-106所示。

图2-106

2 选中页1中的第一种标志中的标志图形，使用Ctrl+C组合键进行复制，按Ctrl+V组合键进行粘贴，并将其移动至页15中，如图2-107所示。

图2-107

3 将标志图形颜色更改为较深一些的深蓝色，按住鼠标左键拖动控制点将其进行等比例放大，并调整位置，如图2-108所示。

图2-108

4 选择图形，然后选择工具箱中的"透明度工具"，在属性栏中单击"均匀透明度"按钮，设置"合并模式"为"柔光"，"透明度"为50，如图2-109所示。

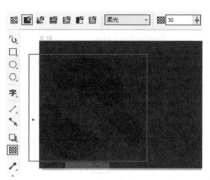

图2-109

5 选择工具箱中的"文本工具"，在画板的右侧单击插入光标，在属性栏中设置合适的字体与字号，输入文字，如图2-110所示。

图2-110

6 继续使用同样的方法在该文字的下方输入文字，如图2-111所示。

图2-111

7 选择工具箱中的"矩形工具"，按住鼠标左键拖动，绘制一个细长的矩形，为其填充金色并去除其轮廓色，如图2-112所示。

图2-112

8 选中页1中的第二种标志，使用Ctrl+C组合键进行复制，按Ctrl+V组合键进行粘贴，并将其移动至页15中，如图2-113所示。

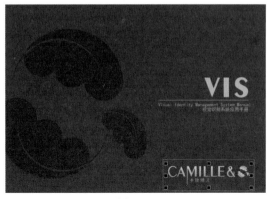

图2-113

⑨ 此时封面制作完成，效果如图2-114所示。

图2-114

⑩ 单击选中页16，双击工具箱中的"矩形工

具"按钮，创建一个与画板等大的矩形，去除其轮廓色，为其填充深蓝色，如图2-115所示。

图2-115

⑪ 选中页1中的第二种标志，使用Ctrl+C组合键进行复制，按Ctrl+V组合键进行粘贴，并将其移动至页16的中间位置，此时封底制作完成，效果如图2-116所示。

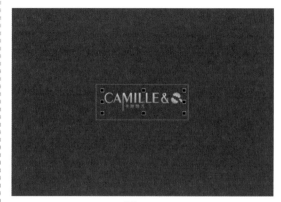

图2-116

⑫ 此时本案例制作完成，效果如图2-117所示。

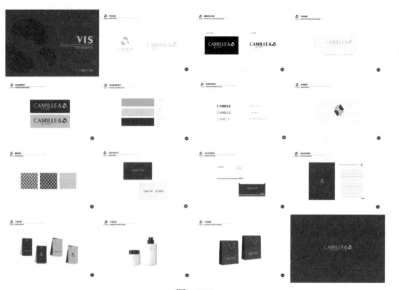

图2-117

2.2.2 实例：服装品牌VI设计

案例类型：

本案例为服装品牌VI设计项目，如图2-118所示。

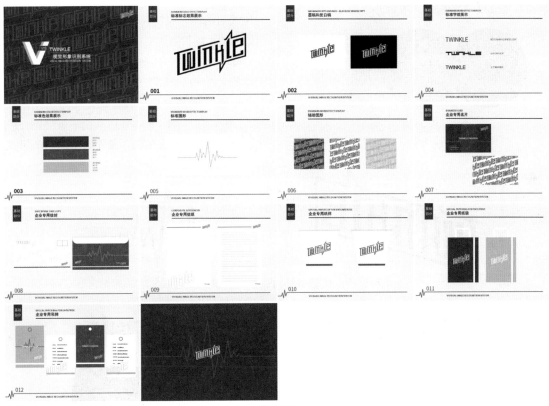

图2-118

项目诉求：

该品牌主打中性风服装，受众群体为18~25岁的年轻人。VI设计方案要求能够凸显"自由"和"独特"的品牌个性。

设计定位：

品牌名称为"TWINKLE"，意为闪耀、闪烁，恰如年轻人旺盛的生命力与求新、求异的个性。该品牌服装的风格并不过分强调性别的特征，打破常规的中性款式展现了新时代年轻人不羁、自由的精神内核。整套VI设计方案可以从品牌服装的设计风格向外延伸，在配色方面保留中性化的色彩意向，在标志的造型上则可以尝试一种更具力量感和表现力的形态。内敛的色彩与外放的图形结合，塑造出独特、个性的品牌形象。

由产品中性风的设计风格延伸而来的色彩大多为接近无彩色的灰调色彩。本案例选择单色搭配的配色方式，以相同色相、不同明度的三种颜色贯穿整套VI设计方案，实现视觉、情感的统一化。

既然配色方案为单色搭配，那么就需要选择一种合适的色相。个性的青春大多有些叛逆，有些与众不同。在酷酷的冷色系色彩中，蓝色具有自由、理性、睿智的情感，与品牌调性相符合。本案例选择低纯度的三种明暗不同的灰调蓝色搭配在一起。同类色的运用，更容易呈现统一、和谐的视觉效果，如图2-119所示。

图2-119

版面构图

本案例的标志图形是基于品牌名称文字的变形得到的，标准的基础字体使用了以直线为主的转折强烈的字体，带有一定的科技感与未来感。在文字变形的过程中，强化了字体的尖锐感，通过将笔画延伸，使文字形成一个倾斜的带有尖角的包围式的结构。尖锐的突出象征着年轻人不被束缚的渴望，倾斜的角度则给人带来较强的动感。

除标志之外，本案例还使用了由折线组成的图形，尖锐的凸起与标志的构成语言接近，且"心跳"的寓意也与青春、活力相匹配，如图2-120所示。

本案例标志部分的制作流程如图2-121所示。

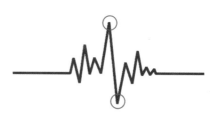

图2-120

图2-121

技术要点

● 使用"变换"泊坞窗对标志进行倾斜。
● 使用"再制"命令制作多个由标志组成的图案。
● 使用图文框精确剪裁隐藏图形的多余部分。
● 使用"步长和重复"命令制作多条相同的直线。

操作步骤

1. 制作标志

① 执行"文件"|"新建"命令，新建一个合适大小的空白文档，如图2-122所示。

图2-122

② 选择工具箱中的"矩形工具"，在画面中按

住鼠标左键拖动，绘制一个矩形，并去除其轮廓色，将其填充为白色，如图2-123所示。

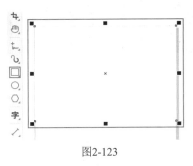

图2-123

3 选中该矩形，按住鼠标左键向下拖动，至画板的底端位置时单击鼠标右键，即可将其快速复制一份，更改其填充颜色为黑色，如图2-124所示。

图2-124

4 选择工具箱中的"文本工具"，在画板中单击插入光标，在属性栏中设置合适的字体与字号，然后输入文字，如图2-125所示。

图2-125

5 选中文字，执行"对象"|"转换为曲线"命令，将文字转换为曲线，如图2-126所示。

图2-126

6 选择工具箱中的"选择工具"，在文字选中

的状态下按住Shift键的同时按住鼠标左键拖动中间控制点竖向拉长文字，如图2-127所示。

图2-127

7 选中字母"T"，选择工具箱中的"形状工具"，框选其下方的节点，按住Shift键将其向下拖动。至合适位置时释放鼠标，拉长字母"T"的局部，如图2-128所示。

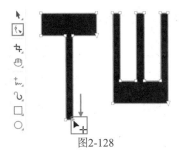

图2-128

8 框选字母"T"的上半部分，按住Shift键将其向上拖动，继续拉长字母"T"，如图2-129所示。

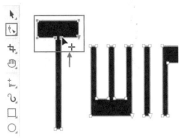

图2-129

9 框选字母"T"左侧的节点，按住鼠标左键将其向左拖动，稍微移动节点的位置，如图2-130所示。

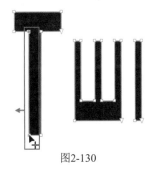

图2-130

⑩ 将光标移动至字母"T"最上方的路径位置，然后按住鼠标左键向下拖动，调整字母"T"的形状，如图2-131所示。

图2-131

⑪ 按住Shift键加选字母"T"右侧的节点，按住Shift键将其向右拖动，如图2-132所示。

图2-132

⑫ 选中字母"T"下方的单个节点，将其向右拖动，调整该节点的位置，如图2-133所示。

图2-133

⑬ 此时字母"T"调整完成，效果如图2-134所示。

图2-134

⑭ 继续使用同样的方法调整其他字母节点的位置，如图2-135所示。

⑮ 使用工具箱中的"矩形工具"，在字母"W"上按住鼠标左键拖动，绘制一个细长的矩形，将其填充为其他颜色，如图2-136所示。

图2-135

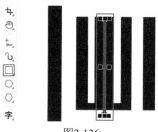

图2-136

⑯ 选中矩形与文字，单击属性栏中的"移除前面对象"按钮，如图2-137所示。

图2-137

⑰ 此时文字效果如图2-138所示。

图2-138

⑱ 选中文字，使用工具箱中的"形状工具"在字母"N"上双击添加节点，如图2-139所示。

图2-139

⓳ 将光标移动至节点上，按住鼠标左键向左拖动，调整节点位置，如图2-140所示。

图2-140

⓴ 选中该节点，单击属性栏中的"转换为曲线"按钮，如图2-141所示。

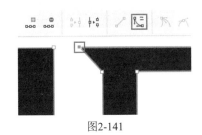

图2-141

㉑ 按住鼠标左键拖动控制柄，调整曲线的弧度，如图2-142所示。

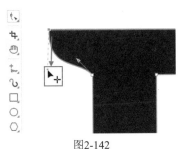

图2-142

㉒ 继续拖动另外一个控制点，如图2-143所示。

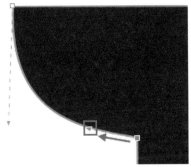

图2-143

㉓ 继续使用同样的方法调整其他的文字，如图2-144所示。

图2-144

㉔ 选择工具箱中的"钢笔工具"，根据文字的形状绘制一个外轮廓图形，去除其轮廓色，为其填充黑色，如图2-145所示。

图2-145

㉕ 继续使用工具箱中的"钢笔工具"在字母"I"上方绘制一个图形，去除其轮廓色，为其填充黑色，如图2-146所示。

图2-146

㉖ 选中所有图形与文字，单击属性栏中的"焊接"按钮，将其合并为一个图形，如图2-147所示。（选中该图形，将其复制一份放置在画板以外，以备后面使用）

㉗ 选中该图形，执行"窗口"|"泊坞窗"|"变换"命令，在打开的"变换"泊坞窗中单击"倾斜"按钮，设置Y为12.0，单击"应用"按钮，如图2-148所示。

图2-147

图2-148

㉘ 此时画面效果如图2-149所示。

图2-149

㉙ 选中该标志，按住鼠标左键将其向下拖动，至黑色矩形的中间位置时单击鼠标右键，即可将其快速复制一份，然后左击调色板中的白色色块，更改其填充色，如图2-150所示。

图2-150

㉚ 此时标志制作完成，将当前文件进行存储，如图2-151所示。

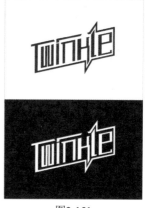

图2-151

2.制作标准色

❶ 新建一个A4大小的竖向空白文档，如图2-152所示。

图2-152

❷ 执行"文件"|"打开"命令，打开标志文件，使用工具箱中的"选择工具"选中标志图形，按Ctrl+C组合键进行复制，如图2-153所示。

图2-153

❸ 返回操作文档，按Ctrl+V组合键进行粘贴，并将其摆放至合适位置，如图2-154所示。

图2-154

❹ 选中标志，拖动控制点，将其进行等比例放大，如图2-155所示。

图2-155

❺ 使用工具箱中的"矩形工具"，按住鼠标左键拖动，绘制一个矩形，如图2-156所示。

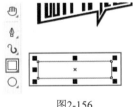

图2-156

❻ 选中矩形，再选择工具箱中的"交互式填充工具"，在属性栏中单击"均匀填充"按钮，然后单击"填充色"按钮，在弹出的下拉面板中按住鼠标左键拖动滑块，选择蓝色色相，在色域中拖动，选择一个合适的深蓝色，如图2-157所示。

❼ 选择工具箱中的"文本工具"，在矩形右侧单击插入光标，接着在属性栏中设置合适的字体与字号，然后输入颜色的名称，如图2-158所示。

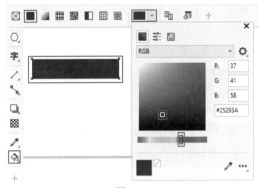

图2-157

图2-158

❽ 继续使用同样的方法在该文字的下方输入颜色的RGB值，如图2-159所示。

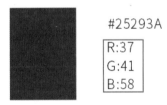

图2-159

❾ 选中矩形与文字，按住Shift键的同时按住鼠标左键将其垂直向下拖动，至合适位置时单击鼠标右键，即可将其复制一份，如图2-160所示。

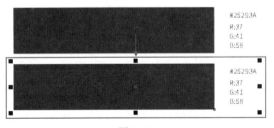

图2-160

❿ 使用"再制"命令将其以相同的距离复制一份，如图2-161所示。

⓫ 选择第二个矩形，然后选择工具箱中的"交互

式填充工具", 在属性栏中单击"均匀填充"按钮, 再单击"填充色"按钮, 在弹出的下拉面板中设置稍浅一些的深蓝色, 如图2-162所示。

图2-161

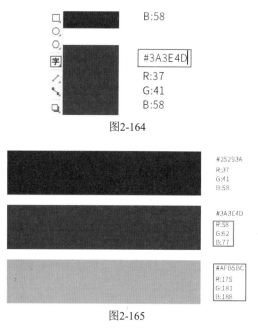

图2-164

图2-165

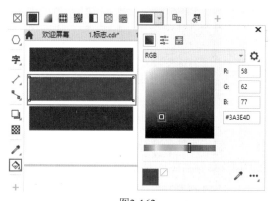

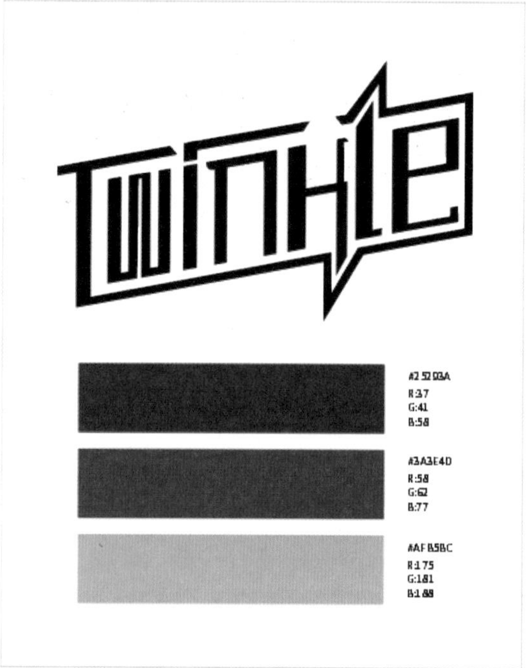

图2-162

⑫ 继续使用同样的方法更改第三个矩形的填充色, 如图2-163所示。

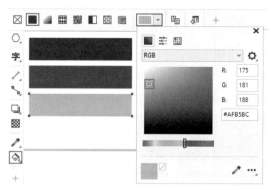

图2-163

⑬ 选择工具箱中的"文本工具", 在第二个色块的右侧更改其颜色名称, 如图2-164所示。

⑭ 继续使用同样的方法更改其他文字, 如图2-165所示。

⑮ 此时标准色制作完成, 如图2-166所示。

图2-166

3. 制作标准字体

❶ 执行"文件"|"新建"命令, 新建一个A4大小的横向空白文档, 如图2-167所示。

❷ 选择工具箱中的"文本工具", 在画面中单击插入光标, 在属性栏中设置合适的字体与字号, 接着输入文字, 如图2-168所示。

图2-167

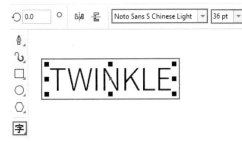

图2-168

3 继续使用同样的方法在该文字的右侧输入左侧文字字体的名称，如图2-169所示。

TWINKLE　　　　NOTO SANS S CHINESE LIGHT

图2-169

4 选中这两个文字，按住Shift键的同时按住鼠标左键将其垂直向下拖动，至合适位置时单击鼠标右键，将其快速复制一份，如图2-170所示。

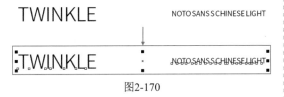

图2-170

5 使用Ctrl+D组合键将其以相同的距离再次进行移动复制操作，如图2-171所示。

TWINKLE　　　　NOTO SANS S CHINESE LIGHT

TWINKLE　　　　NOTO SANS S CHINESE LIGHT

图2-171

6 选中第二行左侧的文字，在属性栏中更改其字体与字号，如图2-172所示。

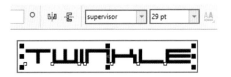

TWINKLE

图2-172

7 选中右侧的文字，使用工具箱中的"文本工具"，在文字的右端末尾处单击后删去原文字，接着输入左侧文字的字体名称，如图2-173所示。

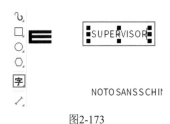

图2-173

8 继续使用同样的方法更改第三行文字，此时标准字体制作完成，效果如图2-174所示。

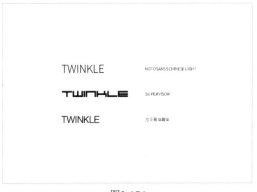

图2-174

4.制作辅助图形

1 执行"文件"|"新建"命令，新建一个A4大小的横向空白文档，如图2-175所示。

2 选择工具箱中的"表格工具"，在属性栏中设置"行数"为11，"列数"为22，在画面的上方位置按住鼠标左键拖动绘制一个网格，如图2-176所示。

图2-175

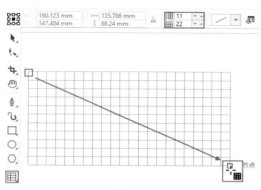

图2-176

③ 选中网格，在属性栏中设置"边框选择"为全部，"填充色"为白色，"轮廓色"为浅灰色，"轮廓宽度"为0.35px，如图2-177所示。

图2-177

④ 选择工具箱中的"钢笔工具"，在网格中以单击的方式绘制一条类似心跳的折线。选中该折线，在属性栏中设置"轮廓宽度"为2.0px，"轮廓色"为深蓝色，如图2-178所示。

⑤ 选中该折线图形，双击界面右下角的"轮廓笔"按钮，在打开的"轮廓笔"对话框中设置"角"为斜切角，"线条端头"为方形端

头，"位置"为居中的轮廓，单击OK按钮，如图2-179所示。

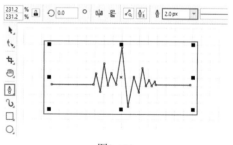

图2-178

图2-179

⑥ 此时画面效果如图2-180所示。

图2-180

⑦ 从打开的标志文件中选择未倾斜的标志，使用Ctrl+C组合键进行复制，接着返回操作文档，使用Ctrl+V组合键进行粘贴，并更改"填充色"为深蓝色，然后将其摆放至网格的下方，如图2-181所示。

图2-181

⑧ 选中该图形，将其编组，然后按住鼠标左键拖动控制点，将其缩小至合适大小，并适当调整其位置，如图2-182所示。

图2-182

⑨ 按住Shift键的同时按住鼠标左键将其向右拖动，至合适位置时单击鼠标右键，即可将其快速复制一份，如图2-183所示。

图2-183

⑩ 使用Ctrl+D组合键以相同的距离与方向进行移动并复制出两个相同的标志，然后选中所有标志，使用Ctrl+G组合键进行组合，如图2-184所示。

图2-184

⑪ 选中该组合，按住鼠标左键将其向右下方拖动，至合适位置时单击鼠标右键，即可将其快速复制一份，如图2-185所示。

图2-185

⑫ 使用Ctrl+D组合键以相同的距离与方向进行移动并复制出另外两组相同的标志，选中所有标志，使用Ctrl+G组合键进行组合，如图2-186所示。

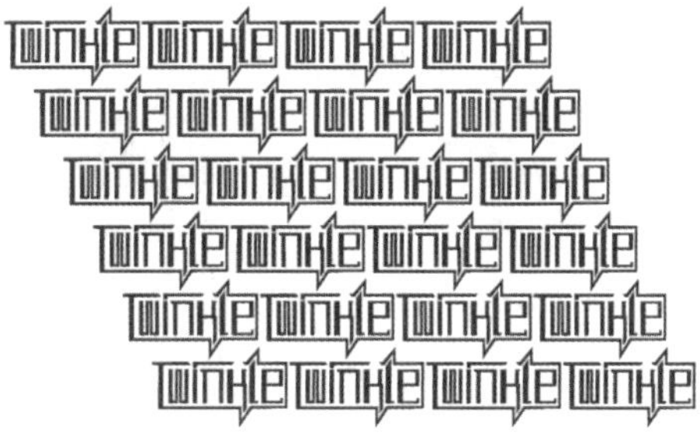

图2-186

⑬ 选中该标志图案，执行"窗口"|"泊坞窗"|"变换"命令，在打开的"变换"泊坞窗中单击"倾斜"按钮，设置Y为12.0，单击"应用"按钮，如图2-187所示。

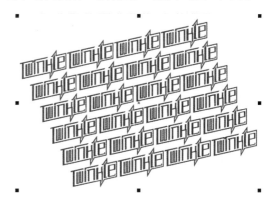

图2-187

⑭ 此时画面效果如图2-188所示。（选中该图形，将其复制一份放置在画板外的空白位置）

图2-188

⑮ 选择工具箱中的"矩形工具"，在图案上按住Ctrl键的同时按住鼠标左键拖动，绘制一个正方形，去除其轮廓色，为其填充白色，如图2-189所示。

⑯ 选中图案，执行"对象"|PowerClip|"置于图文框内部"命令，在白色矩形上单击，如图2-190所示。

⑰ 此时画面效果如图2-191所示。

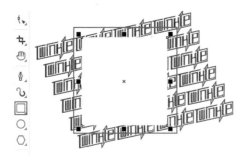

图2-189

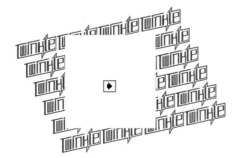

图2-190

图2-191

⓲ 选中矩形，按住Shift键的同时按住鼠标左键将其向左拖动，至合适位置时单击鼠标右键，即可将其复制一份，如图2-192所示。

图2-192

⓳ 选中左侧的图形，将其"填充色"设置为深蓝色，如图2-193所示。

图2-193

⓴ 单击"编辑"按钮，如图2-194所示。

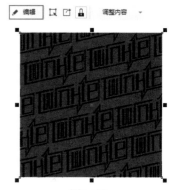

图2-194

㉑ 在图文框内部内容显示出来之后，选中文字，更改文字颜色为白色。更改完成之后单击画板左上角的"完成"按钮，如图2-195所示。

图2-195

㉒ 继续使用同样的方法制作另外一个颜色的图案，如图2-196所示。

图2-196

㉓ 选中三个矩形，执行"窗口"|"泊坞窗"|"对齐与分布"命令，在打开的"对齐与分布"泊坞窗中单击"水平分散排列中心"按钮，如图2-197所示。

图2-197

㉔ 此时画面效果如图2-198所示。

图2-198

㉕ 此时辅助图形制作完成，效果如图2-199所示。

图2-199

5.制作名片

❶ 执行"文件"|"新建"命令，新建一个合适大小的空白文档，如图2-200所示。

❷ 使用工具箱中的"矩形工具"，在画面中按住鼠标左键拖动，绘制一个矩形，为其填充深蓝色并去除其轮廓色，如图2-201所示。

❸ 选中制作好的白色标志，使用Ctrl+C组合键进行复制，使用Ctrl+V组合键进行粘贴，如图2-202所示。

❹ 按住鼠标左键拖动控制点，将其缩放至合适大小，并将其移动至画面的右上角，如图2-203所示。

图2-200

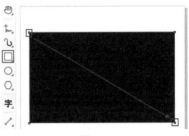

图2-201

图2-202

图2-203

❺ 打开辅助图形文件，选中折线图形，使用Ctrl+C组合键进行复制，使用Ctrl+V组合键进行

粘贴，将其轮廓色更改为灰蓝色，"轮廓宽度"
设置为4.0px，如图2-204所示。

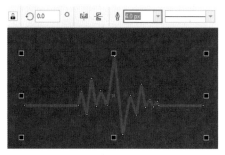

图2-204

6 按住鼠标左键将其放大至与矩形同等宽度，
并调整其位置，如图2-205所示。

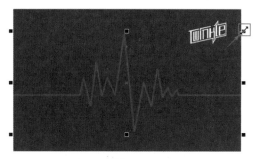

图2-205

7 选择工具箱中的"2点线工具"，按住Shift键
在画面中拖动，绘制一条垂直的线，并在属性栏
中设置"轮廓宽度"为"细线"，"轮廓色"为
灰蓝色，如图2-206所示。

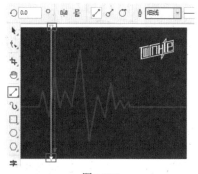

图2-206

8 选中直线，执行"编辑"|"步长和重复"命
令或者使用Ctrl+Shift+D组合键，在打开的"步
长和重复"泊坞窗中设置"水平设置"为"偏
移"，"间距"为1.3mm，"份数"为52，单击
"应用"按钮，如图2-207所示。

图2-207

9 此时画面效果如图2-208所示。

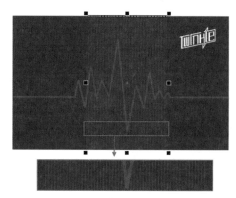

图2-208

10 选择工具箱中的"文本工具"，在属性栏中
设置合适的字体与字号，然后在画面中间单击，
输入文字，如图2-209所示。

图2-209

11 选择工具箱中的"钢笔工具"，在画面的左
下角位置绘制一个电话的图形，并去除其轮廓
色，更改为白色，如图2-210所示。

图2-210

⑫ 继续使用同样的方法在画面中绘制其他形状，如图2-211所示。

图2-211

⑬ 使用工具箱中的"文本工具"，在画面中间单击插入光标，然后在属性栏中设置合适的字体与字号，输入文字，如图2-212所示。

图2-212

⑭ 选中文字，按住Shift键的同时按住鼠标左键将其向下拖动，至合适位置时单击鼠标右键，即可将其复制一份，如图2-213所示。

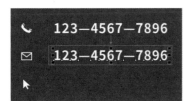

图2-213

⑮ 使用Ctrl+D组合键以相同的距离与方向再次复制一份，如图2-214所示。

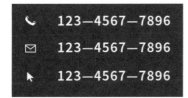

图2-214

⑯ 继续使用工具箱中的"文本工具"，更改复制的文字，如图2-215所示。

图2-215

⑰ 此时名片正面制作完成，效果如图2-216所示。

图2-216

⑱ 在打开的辅助图形文件中选中复制的图案，使用Ctrl+C组合键进行复制，接着返回当前操作文档，使用Ctrl+V组合键进行粘贴，并将其放置在空白位置，如图2-217所示。

图2-217

⑲ 选中该图案，按住鼠标左键向外拖动控制点，将其进行适当的放大，如图2-218所示。

图2-218

⑳ 选中名片正面中的深蓝色矩形，按住鼠标左键将其拖动至图案上合适位置，单击鼠标右键，

将其复制一份，并设置其"轮廓色"为浅灰色，"填充色"为白色，如图2-219所示。

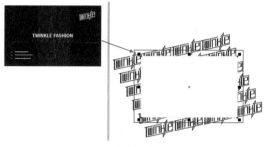

图2-219

㉑ 选中图案，执行"对象"|PowerClip|"置于图文框内部"命令，在白色矩形上单击，如图2-220所示。

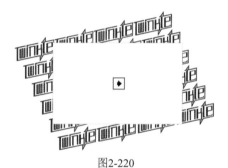

图2-220

㉒ 将其移动至名片正面的下方位置，此时名片制作完成，如图2-221所示。

图2-221

6.制作信封

❶ 新建一个合适大小的空白文档，打开辅助图形文件，选中复制的图案，使用Ctrl+C组合键进行复制，接着返回当前操作文档，使用Ctrl+V组合键进行粘贴，并将其放置在画面中，如图2-222所示。

图2-222

❷ 选中该图案，按住鼠标左键向外拖动控制点，将其进行适当的放大，如图2-223所示。

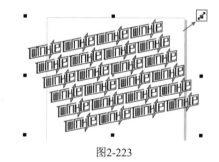

图2-223

❸ 选择工具箱中的"透明度工具"，在属性栏中单击"均匀透明度"按钮，设置"透明度"为90，如图2-224所示。

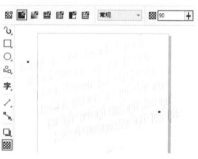

图2-224

❹ 使用工具箱中的"矩形工具"，在辅助图案上绘制一个矩形，去除其轮廓色，为其填充白色，如图2-225所示。

❺ 选中图案，执行"对象"|PowerClip|"置于图

文框内部"命令，在白色矩形上单击，如图2-226
所示。

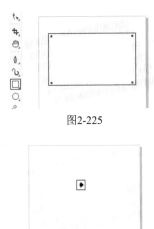

图2-225

图2-226

⑥ 此时画面效果如图2-227所示。

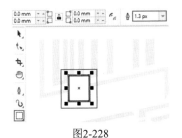

图2-227

⑦ 使用工具箱中的"矩形工具"，在带有纹理
的矩形的左上角绘制一个矩形，更改其轮廓色
为深蓝色，设置其"填充色"为白色，并在属
性栏中设置其"轮廓宽度"为1.3px，如图2-228
所示。

图2-228

⑧ 选中该矩形，按住鼠标左键将其向右适当移
动，至合适位置时单击鼠标右键，将其快速复制
一份，如图2-229所示。

⑨ 使用Ctrl+D组合键再以相同的距离进行移动
并复制4份，如图2-230所示。

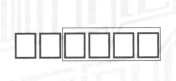

图2-229

图2-230

⑩ 使用工具箱中的"矩形工具"，在带有纹理
的矩形的右上角按住Ctrl键绘制一个矩形，更改
其轮廓色为深蓝色，设置其"填充色"为白色，
并在属性栏中设置其"轮廓宽度"为1.3px，如
图2-231所示。

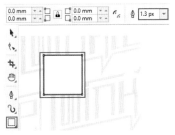

图2-231

⑪ 选中该矩形，按住鼠标左键将其向右适当移
动，至合适位置时单击鼠标右键，将其快速复制
一份，如图2-232所示。

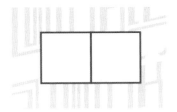

图2-232

⑫ 选中制作好的白色标志，使用Ctrl+C组合键
进行复制，使用Ctrl+V组合键进行粘贴，并按住
鼠标左键拖动控制点，调整其大小，将其摆放
至合适位置。然后更改其填充色为深蓝色，如
图2-233所示。

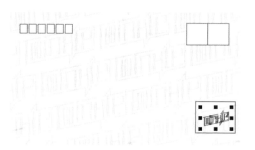

图2-233

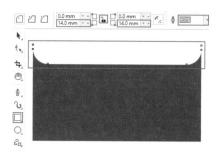

图2-236

⓭ 使用工具箱中的"矩形工具"，在标志的下方绘制一个矩形，并更改其填充色为深蓝色，如图2-234所示。

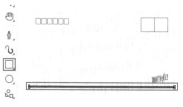

图2-234

⓮ 继续使用工具箱中的"矩形工具"，绘制一个与信封背面等大的深蓝色矩形，并去除其轮廓色，如图2-235所示。

图2-235

⓯ 继续使用工具箱中的"矩形工具"，在矩形的顶端绘制一个矩形，然后在属性栏中单击"同时编辑所有角"按钮，设置下方的"圆角半径"为14.0mm，"轮廓宽度"为"细线"，"填充色"为白色，"轮廓色"为浅灰色，如图2-236所示。

⓰ 打开辅助图形文件，选中折线图形，使用Ctrl+C组合键进行复制，接着返回当前操作文档，使用Ctrl+V组合键进行粘贴，并将其颜色更改为白色放置在画面中，如图2-237所示。

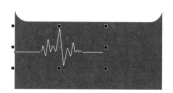

图2-237

⓱ 按住鼠标左键拖动折线右侧中心的控制点，将其进行水平拉伸，并在属性栏中设置"轮廓宽度"为4.0px，如图2-238所示。

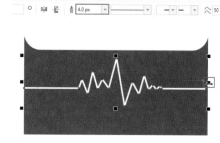

图2-238

⓲ 选择工具箱中的"透明度工具"，然后在属性栏中单击"均匀透明度"按钮，设置"透明度"为50，如图2-239所示。

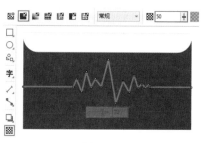

图2-239

⑲ 选中上方的深蓝色矩形与标志，将其复制一份，并将其颜色更改为白色，摆放至合适位置，如图2-240所示。

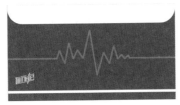

图2-240

⑳ 使用工具箱中的"文本工具"，在属性栏中设置合适的字体与字号，并在信封正面的右下角输入文字，如图2-241所示。

图2-241

㉑ 继续使用工具箱中的"文本工具"，在该文字的下方输入新的文字，如图2-242所示。

图2-242

㉒ 此时信封制作完成，效果如图2-243所示。

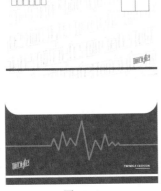

图2-243

7.制作信纸

❶ 新建一个A4大小的横向空白文档，双击工具箱中的"矩形工具"按钮，创建一个与画板等大的矩形，去除其轮廓色，为其填充灰色，如图2-244所示。

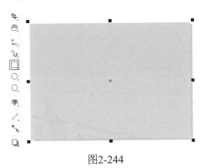

图2-244

❷ 继续使用工具箱中的"矩形工具"，在画面中按住鼠标左键拖动，绘制一个白色的矩形，去除其轮廓色，作为信纸的底色，如图2-245所示。

图2-245

❸ 再次使用工具箱中的"矩形工具"，在白色矩形的顶端绘制一个深蓝色的细长矩形，去除其轮廓色，如图2-246所示。

图2-246

❹ 复制深色标志，并将其摆放至深蓝色矩形的右侧，如图2-247所示。

❺ 将光标移动至控制点上，按住鼠标左键拖动，将其适当放大并调整其位置，如图2-248所示。

❻ 将标志再次复制一份，摆放至画面的左下

角，更改其"填充色"为黑色，并将其放大，如图2-249所示。

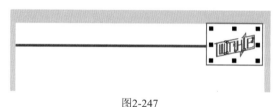

图2-247

图2-248

图2-249

7 选中黑色标志，选择工具箱中的"透明度工具"，然后在属性栏中单击"均匀透明度"按钮，设置"透明度"为90，如图2-250所示。

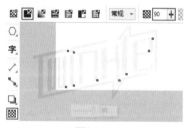

图2-250

8 执行"对象"|PowerClip|"置于图文框内部"按钮，将光标移动至白色矩形上单击，如图2-251所示。

图2-251

9 此时画面效果如图2-252所示。

图2-252

10 打开信封文件，选中白色文字，使用Ctrl+C组合键进行复制，接着返回当前操作文档，使用Ctrl+V组合键进行粘贴，更改其"填充色"为深蓝色，并将其摆放至白色矩形的右下角。然后选中下方的文字，在属性栏中更改其字体，如图2-253所示。

图2-253

11 此时第一种信纸制作完成，效果如图2-254所示。

12 选中该信纸，按住Shift键将其向右拖动，至合适位置时单击鼠标右键，将其复制一份，如图2-255所示。

图2-254

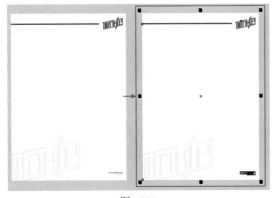

图2-255

⑬ 选中白色矩形，单击浮动控件中的"提取内容"按钮，提取标志，如图2-256所示。

图2-256

⑭ 此时可以看到标志被提取出，且矩形上出现带有"×"号的标记。选中标志，按Delete键将其删除，如图2-257所示。

⑮ 选中矩形，单击鼠标右键，在弹出的快捷菜单中选择"框类型"|"删除框架"命令，如图2-258所示。

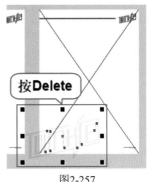

图2-257

图2-258

⑯ 此时画面效果如图2-259所示。

图2-259

⑰ 选择工具箱中的"2点线工具"，按住Shift键的同时由左向右拖动鼠标，绘制一条直线，并在属性栏中设置"轮廓宽度"为2.0px，如图2-260所示。

⑱ 选中该直线，执行"编辑"|"步长和重复"命令，在打开的"步长和重复"泊坞窗中，设置"垂直设置"中的"间距"为-6.0mm，

"份数"为20，单击"应用"按钮，如图2-261所示。

图2-260

图2-261

⑲ 此时另外一种信纸制作完成，效果如图2-262所示。

图2-262

⑳ 此时两种信纸制作完成，效果如图2-263所示。

图2-263

8.制作纸杯

❶ 新建一个A4大小的竖向空白文档，双击工具箱中的"矩形工具"按钮，创建一个与画板等大的矩形，去除其轮廓色，为其填充深灰色，如图2-264所示。

图2-264

❷ 继续使用工具箱中的"矩形工具"，在灰色矩形的中间位置按住鼠标左键拖动，绘制一个白色矩形，去除其轮廓色，如图2-265所示。

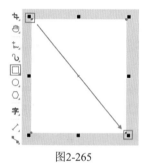

图2-265

❸ 选中矩形，使用Ctrl+Q组合键将其转换为曲线，选择工具箱中的"形状工具"，选择左下角的节点，将其向右移动，如图2-266所示。

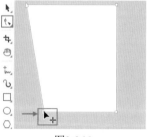

图2-266

❹ 继续使用同样的方法调整右下角的节点，制作出一个等腰梯形，如图2-267所示。

❺ 选择工具箱中的"矩形工具"，在属性栏中设置"圆角半径"为1.0mm，在白色梯形的顶端

按住鼠标左键拖动，绘制一个灰色的圆角矩形，并去除其轮廓色，如图2-268所示。

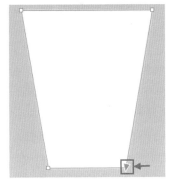

图2-267

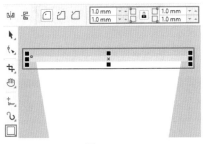

图2-268

⑥ 打开标志文件，选中标志，使用Ctrl+C组合键进行复制，接着返回当前操作文档，使用Ctrl+V组合键进行粘贴，并更改其"填充色"为深蓝色，如图2-269所示。

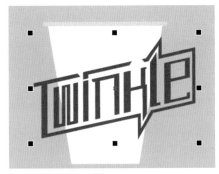

图2-269

⑦ 将光标移动至控制点上，按住鼠标左键向内拖动，至合适大小时释放鼠标，将其摆放至白色梯形的中间位置，如图2-270所示。

⑧ 选择工具箱中的"钢笔工具"，在标志的下方以单击的方式绘制一个图形，去除其轮廓色，为其填充深蓝色，如图2-271所示。

图2-270

图2-271

⑨ 此时水杯制作完成，效果如图2-272所示。

图2-272

9.制作手提袋

❶ 新建一个A4大小的横向空白文档，然后双击工具箱中的"矩形工具"按钮，创建一个与画板等大的深灰色矩形，去除其轮廓色，如图2-273所示。

❷ 继续使用工具箱中的"矩形工具"，在画面中按住鼠标左键拖动，绘制一个矩形，去除其轮廓色，为其填充深蓝色，如图2-274所示。

图2-273

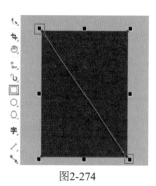

图2-274

③ 继续使用同样的方法在深蓝色矩形的右侧绘制一个白色的细长矩形，如图2-275所示。

图2-275

④ 绘制提手。使用工具箱中的"矩形工具"，按住鼠标左键拖动，绘制一个白色矩形，如图2-276所示。

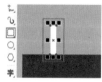

图2-276

⑤ 选中矩形，按住Shift键将其向右拖动，至合适位置时单击鼠标右键，将其复制一份，如图2-277所示。

图2-277

⑥ 使用工具箱中的"矩形工具"，在两个白色矩形之间按住鼠标左键拖动，绘制一个白色矩形，去除其轮廓色，如图2-278所示。

图2-278

⑦ 选中三个矩形，单击属性栏中的"焊接"按钮，将其合并为一个图形，如图2-279所示。

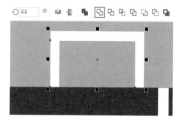

图2-279

⑧ 选择工具箱中的"2点线工具"，在提手左侧的拐角处按住鼠标左键拖动，绘制一条直线，如图2-280所示。

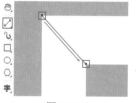

图2-280

⑨ 继续使用该工具在提手右侧的拐角处绘制另外一条直线，如图2-281所示。

图2-281

⑩ 复制白色标志，摆放至深蓝色图形的中间位置，如图2-282所示。

图2-282

⑪ 打开信纸文件，复制其右下角的文字，摆放至白色图形的左侧位置，如图2-283所示。

图2-283

⑫ 此时第一种颜色的手提袋制作完成，效果如图2-284所示。

图2-284

⑬ 选中深蓝色手提袋，将其复制一份，摆放至深蓝色手提袋的右侧，然后选中深蓝色矩形，将其更改为浅灰蓝色。此时两种颜色的手提袋制作完成，效果如图2-285所示。

图2-285

10. 制作吊牌

❶ 新建一个A4大小的横向空白文档，然后双击工具箱中的"矩形工具"按钮，创建一个与画板等大的深灰色矩形，去除其轮廓色，如图2-286所示。

图2-286

❷ 继续使用工具箱中的"矩形工具"，在深灰色矩形上按住鼠标左键拖动，绘制一个矩形，并去除其轮廓色，为其填充蓝灰色，如图2-287所示。

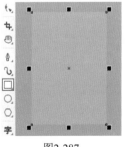

图2-287

❸ 选择工具箱中的"椭圆形工具"，在矩形

上按住Ctrl键拖动，绘制一个正圆，将其复制一份，放置在画面中的空白位置，如图2-288所示。

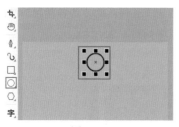

图2-288

④ 选择正圆与矩形，在属性栏中单击"移除前面对象"按钮，如图2-289所示。

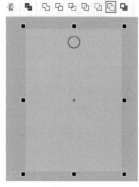

图2-289

⑤ 此时画面效果如图2-290所示。

图2-290

⑥ 选中刚才复制的正圆，将其移动至矩形的镂空处，并去除其填充色，如图2-291所示。

⑦ 打开名片文件，选中折线图形与文字，复制到当前画面中，然后将其缩放至合适大小，摆放至浅灰蓝色图形的中间位置，如图2-292所示。

图2-291

图2-292

⑧ 选中折线，在属性栏中设置"轮廓宽度"为2.0px，如图2-293所示。

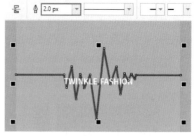

图2-293

⑨ 选中文字，在属性栏中更改字号，并调整其位置，如图2-294所示。

⑩ 打开名片文件，选中白色标志，使用Ctrl+C组合键进行复制，接着返回当前操作文档，使用Ctrl+V组合键进行粘贴，然后将其缩放至合适大小，摆放至浅灰蓝色图形的右下角位置，如图2-295所示。

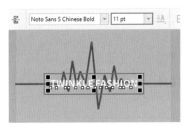

图2-294

图2-295

⓫ 使用工具箱中的"矩形工具",在标志的下方按住鼠标左键拖动,绘制一个白色矩形,去除其轮廓色,如图2-296所示。

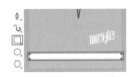

图2-296

⓬ 此时吊牌正面制作完成,效果如图2-297所示。

图2-297

⓭ 选中正面除标志、文字、折线以外的所有图形,按住Shift键将其向右移动,至合适位置时单击鼠标右键,将其复制一份,如图2-298所示。

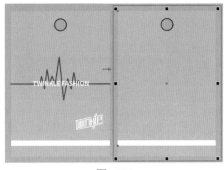

图2-298

⓮ 选中浅灰蓝色矩形,将其颜色更改为白色,然后再选中白色矩形,将其颜色更改为浅灰蓝色,如图2-299所示。

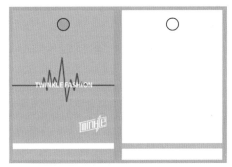

图2-299

⓯ 选中吊牌正面中的标志,将其复制一份放置在白色矩形的左下角,并将其颜色更改为黑色,如图2-300所示。

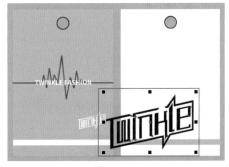

图2-300

⓰ 选中标志,选择工具箱中的"透明度工具",在属性栏中单击"均匀透明度"按钮,设置"透明度"为90,如图2-301所示。

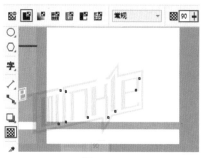

图2-301

⓱ 选中标志，执行"对象"|PowerClip|"置于图文框内部"命令，将光标移动至白色矩形上单击，如图2-302所示。

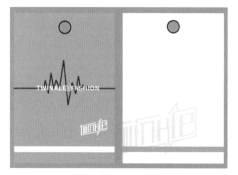

图2-302

⓲ 使用工具箱中的"文本工具"，在画面中单击插入光标，在属性栏中设置合适的字体与字号，输入文字，如图2-303所示。

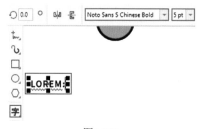

图2-303

⓳ 继续使用工具箱中的"文本工具"在该文字的右侧输入新的文字，如图2-304所示。

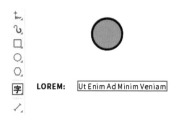

图2-304

⓴ 选中两组文字，按住鼠标左键将其向下拖动，至合适位置时单击鼠标右键，将其快速复制一份，如图2-305所示。

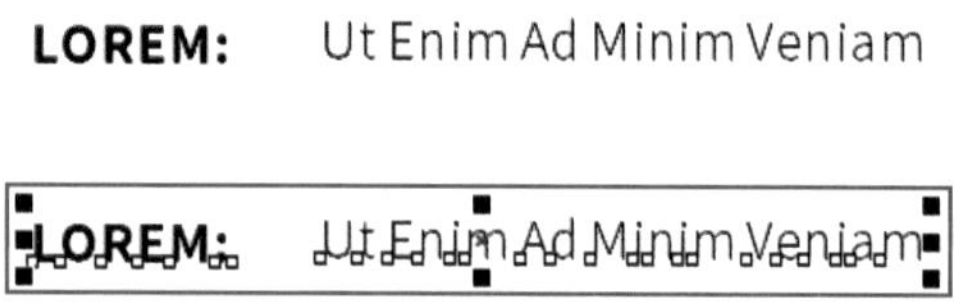

LOREM: Ut Enim Ad Minim Veniam

LOREM: Ut Enim Ad Minim Veniam

图2-305

㉑ 使用Ctrl+D组合键再次复制几份，如图2-306所示。

图2-306

㉒ 使用工具箱中的"文本工具"更改复制的文字内容，如图2-307所示。

图2-307

㉓ 此时第一种吊牌制作完成，效果如图2-308所示。

㉔ 选中第一种吊牌，按住鼠标左键将其向下拖动，至合适位置时单击鼠标右键，将其复制一份，并更改复制吊牌正面的颜色。此时两种颜色的吊牌制作完成，效果如图2-309所示。

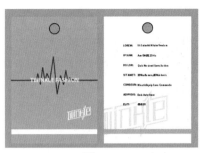

图2-308

图2-309

11. 制作画册

① 执行"文件"|"新建"命令，在打开的"创建新文档"对话框中设置"页码数"为14，"页面视图"为多页面，"页面大小"为A4，"方向"为横向，单击OK按钮，如图2-310所示。

图2-310

② 此时画面效果如图2-311所示。

图2-311

③ 在打开的辅助图形文件中选中复制的图案，复制到页1上，如图2-312所示。

图2-312

④ 选中该图案，按住鼠标左键向外拖动控制点，将其进行适当的放大，如图2-313所示。

图2-313

⑤ 选择工具箱中的"透明度工具"，在属性栏中单击"均匀透明度"按钮，设置"透明度"为90，如图2-314所示。

⑥ 选择工具箱中的"矩形工具"，在页1上拖动鼠标，绘制一个与画板等大的矩形，去除其轮廓色，为其填充深蓝色，如图2-315所示。

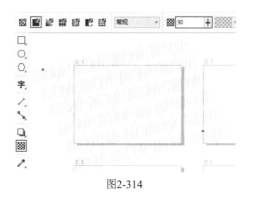

图2-314

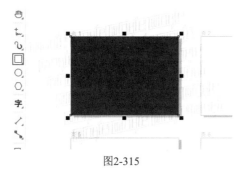

图2-315

7 选中图案,执行"对象"|PowerClip|"置于图文框内部"命令,在深蓝色矩形上单击,如图2-316所示。

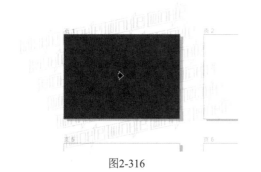

图2-316

8 单击浮动框中的"选择内容"按钮,选中图案并将其颜色更改为白色,如图2-317所示。

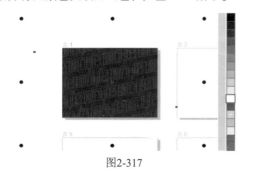

图2-317

9 此时画面效果如图2-318所示。

图2-318

10 打开标志文件,选中白色标志,复制到当前画面中,然后将其缩放至合适大小,摆放至页1的右上角,如图2-319所示。

图2-319

11 使用工具箱中的"文本工具"在页1中输入文字,接着选中文字,在属性栏中设置合适的字体与字号,单击"粗体"按钮,并将其颜色更改为浅灰蓝色,如图2-320所示。

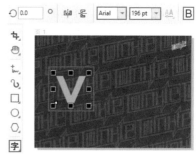

图2-320

12 使用工具箱中的"矩形工具"在字母V上绘制一个矩形,如图2-321所示。

13 选中字母V与矩形,单击属性栏中的"移去前方对象"按钮,将字母V的部分减去,如图2-322所示。

14 选中字母V,按住鼠标左键将其向右拖动,然后单击鼠标右键，将其快速复制一份，并将其颜色更改为白色，如图2-323所示。

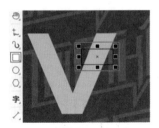

图2-321

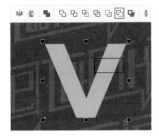

图2-322

图2-323

⑮ 使用工具箱中的"文本工具"，在页1中的合适位置单击插入光标，在属性栏中设置合适的字体与字号，输入文字，并将其颜色更改为白色，如图2-324所示。

图2-324

⑯ 继续使用同样的方法，在画面中输入其他文字，如图2-325所示。

⑰ 选择工具箱中的"2点线工具"，在中英文之间按住Shift键的同时按住鼠标左键拖动，绘制一条白色直线，如图2-326所示。

图2-325

图2-326

⑱ 此时画册的封面制作完成，效果如图2-327所示。

图2-327

⑲ 单击选中页2，选择工具箱中的"矩形工具"，在页2上拖动鼠标，绘制一个与画板等大的矩形，并去除其轮廓色，填充稍浅一些的灰色，如图2-328所示。

图2-328

⑳ 继续使用该工具，在页2的左上角绘制一个深蓝色的矩形，如图2-329所示。

㉑ 选择工具箱中的"文本工具"，在深蓝色矩形上单击插入光标，在属性栏中设置合适的字体与字号，输入文字，并将其文字更改为白色，如图2-330所示。

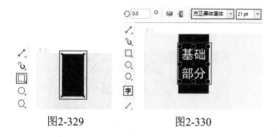

图2-329　　　　　图2-330

㉒ 继续使用工具箱中的"文本工具"在深蓝色矩形的右侧输入新的文字，如图2-331所示。

图2-331

㉓ 选择工具箱中的"钢笔工具"，在上方的文字下单击，接着按住Shift键将光标移动至右侧，再次单击，绘制一条直线，任意选择一种工具，即可结束绘制。然后选中直线，在属性栏中设置"轮廓宽度"为3.0px，如图2-332所示。

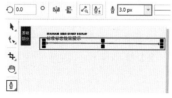

图2-332

㉔ 继续使用工具箱中的"钢笔工具"，在数字与英文之间绘制一条折线，并在属性栏中设置"轮廓宽度"为3.0px，如图2-333所示。

图2-333

㉕ 打开标志文件，选中黑色标志，使用Ctrl+C

组合键进行复制，接着返回当前操作文档，使用Ctrl+V组合键进行粘贴，然后将其缩放至合适大小，摆放至页2的中间，如图2-334所示。

图2-334

㉖ 选中页2中除标志以外的所有元素，按住鼠标左键将其向右拖动，至页3时单击鼠标右键将其复制一份，如图2-335所示。

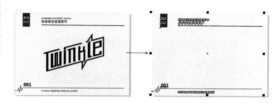

图2-335

㉗ 使用工具箱中的"文本工具"，更改页3顶端的文字，如图2-336所示。

图2-336

㉘ 打开标志文件，选中标志的墨稿，复制到当前文档中，然后将其缩放至合适大小，摆放至页3的中间，如图2-337所示。

㉙ 再次复制反白稿标志，摆放至页3的中间，如图2-338所示。

㉚ 继续使用同样的方法制作页4～13的内容，如图2-339所示。

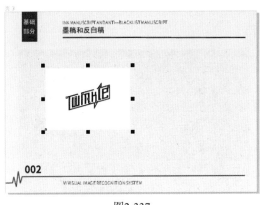

图2-337

图2-338

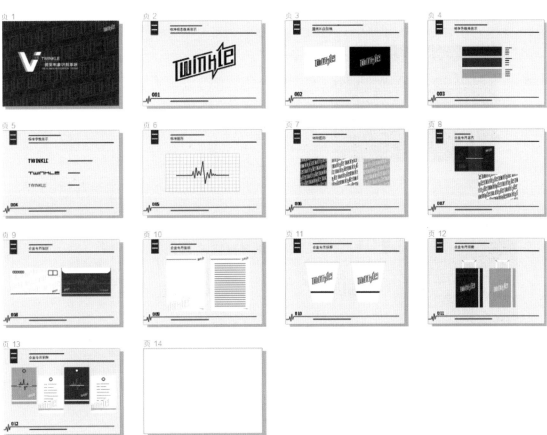

图2-339

㉛ 单击页14，将其选中，双击工具箱中的"矩形工具"按钮，绘制一个与画板等大的矩形，并为其填充深蓝色，去除其轮廓色，如图2-340所示。

㉜ 打开辅助图形文件，选中折线图形，使用Ctrl+C组合键进行复制，接着返回当前操作文档，使用Ctrl+V组合键进行粘贴，然后将其缩放至合适大小，摆放至页14的中间，如

图2-341所示。

图2-340

图2-341

33 选中折线，在属性栏中设置"轮廓宽度"为5.0px，如图2-342所示。

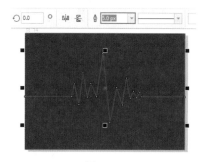

图2-342

34 复制白色标志，摆放在折线上，如图2-343所示。

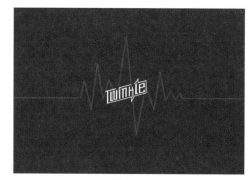

图2-343

35 此时整套VI设计画册制作完成，效果如图2-344所示。

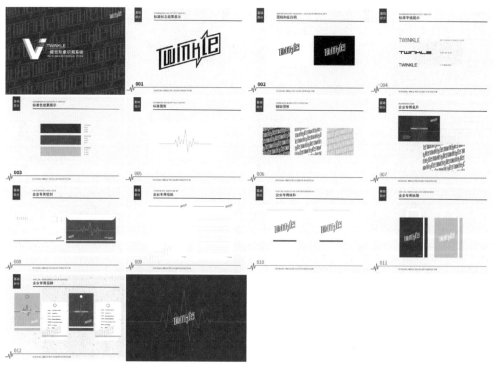

图2-344

海报设计

· 本章概述 ·

　　海报设计是视觉传达设计的应用领域之一，通过将图形、图像、文字等进行合理的编排，以恰当的形式将信息传递给广大受众。海报设计的类型、版式、色彩、风格等因素会影响海报的整体呈现效果。类型可以将海报进行不同应用领域的划分；版式决定了海报整体的版面布局；色彩影响着海报呈现的视觉效果；风格是让海报画面统一和谐的隐性要素。本章主要从认识海报、海报的常见类型、海报的创意手法等方面来介绍海报设计。

3.1 海报设计概述

海报是商家向人们传递信息的一个重要途径，一张好的海报不仅可以促进商品销售，也可以增强商品知名度。那么海报最重要的作用是什么呢？当然就是吸引消费者。因此，简单来说，海报设计是为达到某种宣传效果或传递某种信息而进行的艺术设计。

3.1.1 认识海报

海报，也称为招贴，是一种用于传播信息的广告媒介形式。其英文名称为poster，意为张贴在大木板或墙上或车辆上的印刷广告，或以其他方式展示的印刷广告。

海报设计相对于其他设计而言，其内容更加广泛且丰富，艺术表现力独特，创意独特，视觉冲击力非常强烈。海报主要扮演的是推销员角色，它代表了企业产品的宣传形象，能够提升企业产品的竞争力，并且极具审美价值和艺术价值，如图3-1所示。

图3-1

3.1.2 海报的常见类型

社会公共海报：包括社会公益、社会政治、社会活动海报等。其主要用于宣传推广节日、活动、社会公众关注的热点或社会现象，传播政党、政府的某种观点、立场、态度等，属于非营利性宣传，如图3-2所示。

商业海报：包括各类产品信息、企业形象和商业服务等。其主要用于宣传产品，从而产生一定的经济效益，以盈利为主要目的，如图3-3所示。

艺术海报：主要满足人类精神层次的需要，强调教育、欣赏、纪念意义，用于精神文化生活的宣传，包括文学艺术、科学技术、广播电视等海报，如图3-4所示。

图3-2 图3-3 图3-4

3.1.3 海报的创意手法

展示：是直接将商品展示在消费者的面前，具有直观性、深刻性。这是一种较为传统通俗的表现手法，如图3-5所示。

联想：是由某一种事物而想到另一种事物，或是由某种事物的部分相似点或相反点而与另一种事物相联系。联想分为类似联想、接近联想、因果联想、对比联想等。在海报设计中，联想法是最基本也是最重要的一个方法。通过联想事物的特征，并通过艺术的手段进行表现，使信息传达的委婉且具有趣味性，如图3-6所示。

比喻：是将某一种事物比作另一种事物来表现主体的本质特征的方法。间接地表现了作品的主题，具有一定的神秘性，充分地调动了观众的想象力，更加耐人寻味，如图3-7所示。

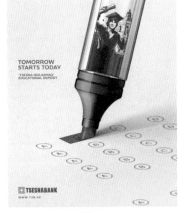

图3-5 图3-6 图3-7

象征：是用某个具体的图形表达一种抽象的概念，用象征物去反映相似的事物，从而表达一种情感。象征是一种间接的表达，强调一种意象，如图3-8所示。

拟人：是将动物、植物、自然物、建筑物等生物和非生物赋予人类的某种特征。将事物人格化，从而使整个画面形象生动。在海报设计中经常会使用拟人的表现手法，使其与人们的生活更加贴切，不仅吸引观众的目光，还能拉近与观众内心的距离，更具亲近感，如图3-9所示。

夸张：是依据事物原有的自然属性条件而进行进一步地强调和扩大，或通过改变事物的整体、局部特征更鲜明地强调或揭示事物的实质，从而呈现一种意想不到的视觉效果，如图3-10所示。

图3-8   图3-9   图3-10

幽默：是运用某些修辞手法，以一种较为轻松的表达方式传达作品的主题，画面轻松愉悦，却又意味深长，如图3-11所示。

讽刺：是运用夸张、比喻等修辞手法揭露人或事的缺点。讽刺包括直讽和反讽两种类型。直讽手法直抒胸臆，鞭挞丑恶；而反讽的运用则更容易使主题的表达独具特色，更易触碰到观众的内心，如图3-12所示。

重复：是将某一事物反复出现，从而起到一定的强调作用，如图3-13所示。

图3-11   图3-12   图3-13

矛盾空间：是在二维空间表现出一种三维空间的立体形态。其利用视点的转换和交替，显示一种模棱两可的画面，给人造成空间的混乱。矛盾空间是一种较为独特的表现手法，往往会使观众久久驻足观看，如图3-14所示。

图3-14

3.2 海报设计实战

3.2.1 实例: 艺术展宣传海报

案例类型:

本案例为琉璃艺术展的宣传海报设计项目, 如图3-15所示。

图3-15

项目诉求:

琉璃制品色彩流云漓彩、美轮美奂, 品质晶莹剔透、光彩夺目, 是东方人的精致、细腻、含蓄的体现, 也是思想情感与艺术的融合。海报的整体风格应该与琉璃艺术的特点相符合, 营造出高雅、精美、典雅的氛围。

设计定位:

根据琉璃艺术展的主题和目标受众, 可以采用抽象的图案作为海报的视觉元素, 配以简洁、优美的文字说明, 突出琉璃艺术的特色和魅力。在色彩上可以选择以青绿色为主色调, 营造出清新、神秘的氛围, 同时也能与琉璃的颜色相呼应。在排版上要注意布局合理、字体清晰、色彩搭配协调, 使海报整体形象简约、大方, 具有艺术美感。

配色方案

海报的色彩搭配需要与琉璃艺术的特点相匹配, 运用蓝色或绿色可以表现琉璃的清透感。该海报以青绿色为主色调, 大量使用了同类色的渐变, 整体给人清爽、明快的感觉; 以蓝紫色为辅助色, 为画面增添了浪漫气息; 以白色作为点缀色, 白色的文字提高了画面的明度, 增强了画面的通透感, 如图3-16所示。

图3-16

版面构图

在该案例中抽象的背景位于画面的中央位置, 抽象的气泡图案呈现动感效果, 能够吸引人的注意力。文字切分为两部分, 分别摆放在画面左下角和右侧中部, 打破了画面的平衡, 使版面空间得以延展, 如图3-17所示。

图3-17

本案例制作流程如图3-18所示。

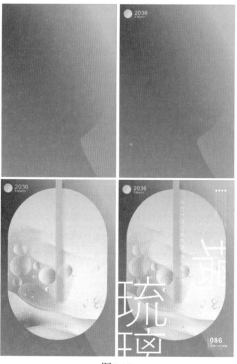

图3-18

技术要点

- 使用PowerClip隐藏图片或文字的部分。
- 使用"阴影工具"为矩形添加阴影。

操作步骤

1. 制作背景

1️⃣ 执行"文件"|"新建"命令，新建一个合适大小的竖向空白文档，双击工具箱中的"矩形工具"按钮，新建一个与画板等大的矩形，如图3-19所示。

图3-19

2️⃣ 选中矩形，去除其轮廓色，选择工具箱中的

"交互式填充工具"，在属性栏中单击"渐变填充"按钮，单击"线性渐变填充"按钮，按住鼠标左键拖动，为矩形添加渐变，并单击节点，编辑一个青色系渐变，如图3-20所示。

图3-20

3️⃣ 选择工具箱中的"钢笔工具"，在画面的右下方绘制一个不规则图形，如图3-21所示。

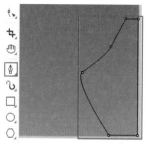

图3-21

4️⃣ 选中该图形，去除其轮廓色，选择工具箱中的"交互式填充工具"，在属性栏中单击"渐变填充"按钮，单击"线性渐变填充"按钮，编辑一个青绿色系的渐变颜色，并按住鼠标左键拖动调整渐变效果，如图3-22所示。

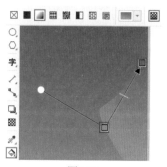

图3-22

5️⃣ 选择工具箱中的"矩形工具"，按住鼠标左键拖动，绘制一个与画板等大的矩形，并去除其轮廓色，为其填充亮青色，如图3-23所示。

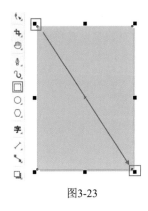

图3-23

6 选中矩形，选择工具箱中的"透明度工具"，在属性栏中单击"渐变透明度"按钮与"线性渐变透明度"按钮，将光标移动至画面中按住鼠标左键拖动，调整透明度效果，如图3-24所示。

图3-24

2. 制作海报主体内容

1 选择工具箱中的"椭圆形工具"，在画面的左上角按住Ctrl键拖动，绘制一个正圆，如图3-25所示。

图3-25

2 选中正圆，去除其轮廓色，选择工具箱中的"交互式填充工具"，在属性栏中设置"填充方式"为"渐变填充"，单击"线性渐变填充"按钮，然后在正圆上按住鼠标左键拖动，单击节点，编辑颜色，调整渐变效果，如图3-26所示。

3 选择工具箱中的"文本工具"，在圆形的右侧单击插入光标，接着在属性栏中设置合适的字体与字号，然后输入文字，如图3-27所示。

图3-26

图3-27

4 选中下方的一行文字，在属性栏中更改其"字体大小"为16pt，如图3-28所示。

图3-28

5 制作海报主体。执行"文件"|"导入"命令，将素材"1.jpg"导入画面中，如图3-29所示。

图3-29

⑥ 选择工具箱中的"矩形工具"，在属性栏中设置"圆角半径"为100.0mm，在画面中按住鼠标左键拖动，绘制一个圆角矩形。将其复制两份放在画板外的空白位置以备使用，如图3-30所示。

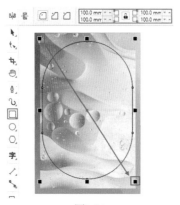

图3-30

⑦ 选择下方的图片，执行"对象"|PowerClip|"置于图文框内部"命令，将光标移动至圆角矩形上单击，如图3-31所示。

图3-31

⑧ 选中圆角矩形，去除其轮廓色，如图3-32所示。

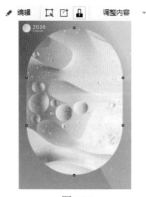

图3-32

⑨ 将复制的圆角矩形移动至画面中，并使用Ctrl+PgUp组合键将其向前移动一层，如图3-33所示。

图3-33

⑩ 选择圆角矩形，去除其轮廓色，选择工具箱中的"交互式填充工具"，单击属性栏中的"渐变填充"按钮，然后单击"线性渐变填充"按钮，编辑一个由青绿色到白色的渐变颜色，将下方节点的透明度设置为100，如图3-34所示。

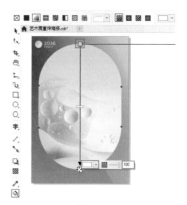

图3-34

⑪ 选择工具箱中的"文本工具"，在圆角矩形的右侧单击插入光标，在属性栏中设置合适的字体与字号，输入文字，并将其复制一份，放置在空白位置，如图3-35所示。

图3-35

⓬ 选中文字，将其颜色更改为白色，接着再次单击文字，按住Shift键拖动控制点，将其旋转至合适的角度，如图3-36所示。

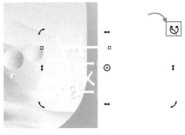

图3-36

⓭ 选中画板外的圆角矩形，执行"对象"|"顺序"|"到页面前面"命令，将其移动至画面中，如图3-37所示。

⓮ 选择下方的文字，执行"对象"|PowerClip|"置于图文框内部"命令，将光标移动至圆角矩形上单击，如图3-38所示。

图3-37 图3-38

⓯ 去除圆角矩形的轮廓色，如图3-39所示。

⓰ 选中复制的黑色文字，将其移动至画面的左下角，并将文字的颜色更改为白色，如图3-40所示。

图3-39 图3-40

⓱ 选择工具箱中的"矩形工具"，在画面的文字之间按住鼠标左键拖动，绘制一个矩形，如图3-41所示。

图3-41

⓲ 选中矩形，去除其轮廓色，选择工具箱中的"交互式填充工具"，在属性栏中单击"渐变填充"按钮与"线性渐变填充"按钮，然后编辑一个绿色系的渐变颜色，如图3-42所示。

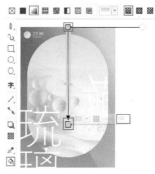

图3-42

⓳ 选择工具箱中的"阴影工具"，在矩形上按住鼠标左键拖动为其添加阴影，并在属性栏中设置"阴影不透明度"为27，"阴影羽化"为63，如图3-43所示。

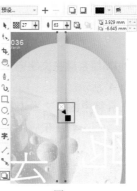

图3-43

⑳ 选择工具箱中的"文本工具"，在画面中单击插入光标，在属性栏中设置合适的字体与字号，输入文字，并将其颜色更改为白色，如图3-44所示。

图3-44

㉑ 选中文字，使用工具箱中的"形状工具"将光标移动至文字的右下角控制点位置▥，按住鼠标左键向右拖动，调整文字的字距，如图3-45所示。

图3-45

㉒ 选中文字，在属性栏中设置"旋转角度"为270.0°，将其摆放至矩形的右侧，如图3-46所示。

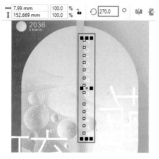

图3-46

㉓ 使用Ctrl+PgDn组合键将文字向后移动至矩形的下方，如图3-47所示。

㉔ 继续使用工具箱中的"文本工具"在画面中输入其他文字，如图3-48所示。

㉕ 选择工具箱中的"矩形工具"，在右下角的第一行文字与第二行文字之间按住鼠标左键拖动，绘制一个矩形，去除其轮廓色，为其填充白色，如图3-49所示。

㉖ 至此本案例制作完成，效果如图3-50所示。

图3-47

图3-48

图3-49   图3-50

3.2.2 实例：动物保护公益海报

设计思路

案例类型：

　　本案例为动物保护公益海报设计项目，如图3-51所示。

图3-51

项目诉求：

　　石油及其炼制品在开采、炼制、贮运和使用过程中若进入海洋会对环境造成污染，不仅会影响水质，还会对海洋生物造成影响，通过海报呼吁人类对海洋和动物进行保护。

设计定位：

　　当海鸟的羽毛被石油沾污后，就会失去保温、游泳或飞翔的能力，海报以此作为出发点进行设计。以黑色的小鸟作为画面的视觉中心，其不合常理的颜色可以引起人们的思考，周围同颜色的不规则图案则象征着污染海洋的石油污迹。

配色方案

　　该海报以青灰色为主色调，能够象征海洋和天空，灰蒙蒙的颜色让人略感压抑。以黑色作为辅助色，降低了海报整体的亮度，使压抑感进一步升级。以紫色和白色作为点缀色，白色的图形与黑色形成强烈反差，让人感觉肃穆；紫色和青灰色属于类似色，视觉效果和谐、舒适，如图3-52所示。

图3-52

版面构图

　　海报采用三角形构图方式，左侧为图案，右侧为文字内容。从整体上看，三角形构图给人安定、均衡但不失灵活的视觉感受；从细节上看，图形位于三角形的左侧，文字为右对齐，二者形成稳定的画面，如图3-53所示。

图3-53

　　本案例制作流程如图3-54所示。

图3-54

技术要点

● 使用"吸引和排斥工具"调整图形形态。
● 使用"网状填充工具"为图形填充颜色。
● 使用造型功能制作图形。

操作步骤

1. 制作海报背景

❶ 执行"文件"|"新建"命令,在打开的"创建新文档"对话框中设置文档"页面大小"为A4,单击画板"纵向"按钮,设置完成后单击OK按钮,如图3-55所示。

图3-55

❷ 完成以上操作,即可创建一个空白新文档,如图3-56所示。

图3-56

❸ 选择工具箱中的"矩形工具",在画面中绘制一个与画板等大的矩形,如图3-57所示。

❹ 选中该矩形,在右侧调色板中右击"无"按钮,去除其轮廓色,接着选择工具箱中的"交互式填充工具",在属性栏中单击"均匀填充"按

钮,设置"填充色"为蓝色,如图3-58所示。

图3-57

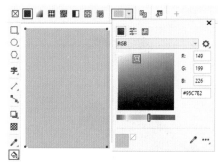

图3-58

❺ 选择工具箱中的"椭圆形工具",在画面的中间按住Ctrl键的同时按住鼠标左键拖动,绘制一个正圆,并去除其轮廓色,为其填充浅蓝色,如图3-59所示。

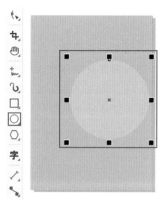

图3-59

❻ 选中正圆,选择工具箱中的"吸引和排斥工具",在属性栏中单击"吸引"按钮,设置"笔尖半径"为100.0mm,"速度"为30,接着按住鼠标左键沿正圆形的左上方轮廓向左下方拖动,如图3-60所示。

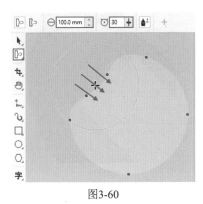

图3-60

7 继续进行变形操作，画面效果如图3-61所示。

8 继续使用同样的方法绘制下方的浅蓝色图形，如图3-62所示。

图3-61　　　　　　　图3-62

2.制作主体图形

1 选择工具箱中的"钢笔工具"，在画面中合适的位置绘制一个鸟的形状，如图3-63所示。

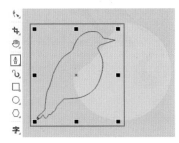

图3-63

2 选中鸟的形状，选择工具箱中的"网状填充工具"，此时鸟形状上方出现网格，如图3-64所示。

3 在属性栏中设置"网格大小"分别为7和8，如图3-65所示。

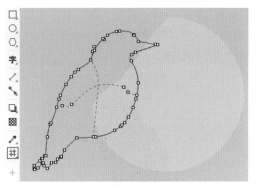

图3-64

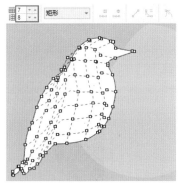

图3-65

4 选中其中一个点，展开右侧调色板，然后单击黑色，为其添加黑色，如图3-66所示。

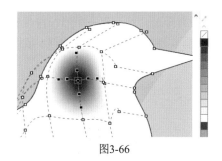

图3-66

5 继续使用同样的方法为整只鸟填充颜色，然后去除其轮廓色，如图3-67所示。

图3-67

6 使用工具箱中的"矩形工具",在鸟尾上方位置绘制一个"轮廓宽度"为0.2mm的灰色矩形,如图3-68所示。

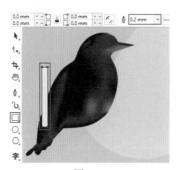

图3-68

7 继续使用同样的方法绘制其他的矩形,如图3-69所示。

图3-69

8 选中所有矩形,然后双击矩形,按住鼠标左键拖动控制点将其旋转至合适的角度,如图3-70所示。

图3-70

9 选择工具箱中的"钢笔工具",在矩形组的右上方绘制一个鸟翅膀形状,如图3-71所示。

10 选中该图形,选择工具箱中的"网状填充工具",使用绘制抽象鸟同样的方法,绘制出鸟翅膀的图案,如图3-72所示。

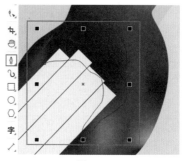

图3-71

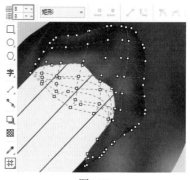

图3-72

11 继续使用同样的方法制作其他抽象图形,如图3-73所示。

图3-73

3.制作海报文字

1 使用工具箱中的"矩形工具",在画面的左上方绘制一个小的紫色矩形,如图3-74所示。

2 选中矩形,在属性栏中单击"同时编辑所有角"按钮,设置右边两个"转角半径"为6.0mm,如图3-75所示。

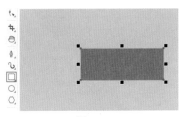

图3-74

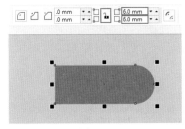

图3-75

3 选中紫色图形，按住鼠标左键向下移动的同时按住Shift键，移动到合适位置后单击鼠标右键进行复制，如图3-76所示。

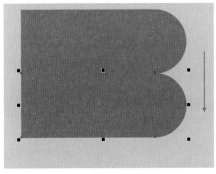

图3-76

4 按住Shift键分别单击两个紫色图形将其进行加选，然后单击属性栏中的"焊接"按钮，将两个图形合并在一起，如图3-77所示。

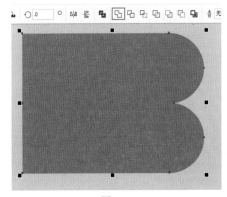

图3-77

5 选择工具箱中的"椭圆形工具"，按住Ctrl键在合并图形的上方绘制一个正圆形，如图3-78所示。

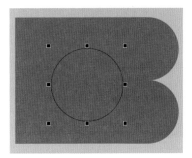

图3-78

6 选中合并图形与正圆，单击属性栏中的"移除前面的对象"按钮。此时标志图形制作完成，效果如图3-79所示。

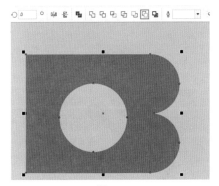

图3-79

7 选择工具箱中的"文本工具"，在标志图形的下方单击插入光标，在属性栏中设置合适的字体与字号，输入合适的文字，如图3-80所示。

图3-80

8 继续使用工具箱中的"文本工具"，在浅蓝色图形的上方单击插入光标，在属性栏中设置合适的字体与字号，建立文字输入的起始点，输入相应的文字，并在右侧调色板中将文字"填充色"设置为紫色，如图3-81所示。

图3-81

❾ 继续使用同样的方法输入画面中的其他文字，并将其摆放在合适的位置，如图3-82所示。

图3-82

❿ 选择工具箱中的"钢笔工具"，在画面的左侧绘制一条斜线，然后在属性栏中设置"轮廓宽度"为0.2mm，将其颜色更改为紫色，如图3-83所示。

图3-83

⓫ 继续使用同样的方法绘制其他的线条。此时本案例制作完成，效果如图3-84所示。

图3-84

3.2.3 实例：旅行产品宣传海报

设计思路

案例类型：

本案例为旅行产品宣传海报设计项目，如图3-85所示。

图3-85

项目诉求：

该旅行产品宣传海报主要面向年轻人，以展示旅行的乐趣和美好为主要目的，同时强调旅行产品的特点和优势，吸引目标受众的眼球，增强其购买欲望。海报需要突出旅行的独特性和刺激感，同时也需要显示产品的多样性和高品质，以呈现极具吸引力的视觉效果。

设计定位：

为了实现以上诉求，该海报设计可以使用引人入胜的景区图像来展现旅行产品的魅力和独特性。同时，可以运用大字体和鲜明的色彩来突出产品的特点和卖点，例如愉快、安全、舒适、体验等。此外，可以在海报中添加短小精练的文案，激发受众的好奇心和探索欲望，同时强调产品的独特性和高品质。

配色方案

该海报的主要颜色大部分来自风景照片，其中近海的绿色和远处海面与天空的青蓝色能够让人感受到大自然的清凉与舒适。黄色作为辅助色，增强了画面的活力和节奏感。深蓝色作为点缀色，与青蓝色相呼应，为画面增添了深邃和神秘感。通过色彩的巧妙运用，既能够吸引消费者的注意力，又能够使消费者感受到旅行的愉悦和放松，如图3-86所示。

图3-86

版面构图

该海报直接用具有代表性的景区照片作为背景，能够瞬间吸引人的注意力，标题位于左下角位置，采用加粗字体起到突出主题的作用。产品的信息文字位于右侧区域，通过不同颜色的色块区分主次关系，让信息传递更具条理性，如图3-87所示。

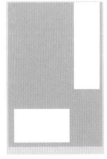

图3-87

本案例制作流程如图3-88所示。

图3-88

技术要点

● 使用"混合工具"制作连续图形。
● 使用"文本"泊坞窗编辑文字属性。
● 使用"描摹位图"功能将位图转换为矢量图形。

操作步骤

1.制作海报上半部分

❶ 执行"文件"|"新建"命令，新建一个A4大小的空白文档，然后双击工具箱中的"矩形工具"按钮，创建一个与画板等大的矩形，如图3-89所示。

❷ 执行"文件"|"导入"命令，将素材"1.jpg"导入画面中，如图3-90所示。

图3-89　　　　　　图3-90

❸ 选中该风景图，选择工具箱中的"裁剪工具"，在图片上按住鼠标左键拖动，绘制一个裁剪框，单击"裁剪"按钮，裁去多余部分，如图3-91所示。

❹ 选择工具箱中的"矩形工具"，在图片的右上角按住鼠标左键拖动，绘制一个矩形，并去除其轮廓色，将其填充为蓝色，如图3-92所示。

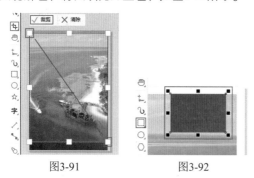

图3-91   图3-92

❺ 选择工具箱中的"钢笔工具"，在蓝色矩形的下方绘制一个多边形，去除其轮廓色，为其填充黄色，如图3-93所示。

❻ 选择工具箱中的"文本工具"，在蓝色矩形的上方单击插入光标，在属性栏中设置合适的字体与字号，然后输入文字，如图3-94所示。

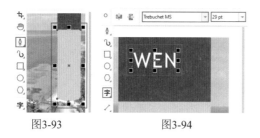

图3-93   图3-94

❼ 选择工具箱中的"钢笔工具"，在文字的右侧绘制一个星形，并去除其轮廓色，为其填充白色，如图3-95所示。

图3-95

❽ 继续使用同样的方法在文字与星形的下方绘制一个弯曲的图形，为其填充橘红色，并去除其轮廓色，如图3-96所示。

图3-96

❾ 选择工具箱中的"矩形工具"，在文字的下方按住鼠标左键拖动，绘制一个细长的矩形，并将其"填充色"更改为白色，如图3-97所示。

图3-97

❿ 继续使用工具箱中的"文本工具"在细长的矩形下方添加文字，如图3-98所示。

图3-98

⓫ 继续使用工具箱中的"文本工具"，在黄色图形上输入文字，在属性栏中设置合适的字体与字号，并将其颜色更改为绿色，如图3-99所示。

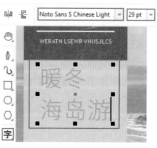

图3-99

⓬ 选中文字，执行"窗口"|"泊坞窗"|"文本"命令，在打开的"文本"泊坞窗中单击"段

落"按钮,单击"中"按钮,设置"行间距"为80.0%,如图3-100所示。

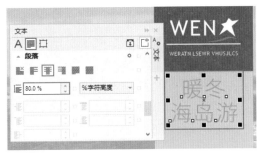

图3-100

⓭ 选择工具箱中的"矩形工具",在文字的下方绘制一个绿色的矩形,去除其轮廓色,如图3-101所示。

⓮ 选择工具箱中的"椭圆形工具",在矩形的左上角按住Ctrl键拖动鼠标,绘制一个正圆,去除其轮廓色,为其填充绿色,如图3-102所示。

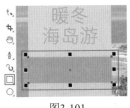

图3-101　　　　图3-102

⓯ 选中正圆,按住Shift键将其向右拖动至矩形的最右端,单击鼠标右键,将其复制一份,如图3-103所示。

图3-103

⓰ 选择工具箱中的"混合工具",在左侧正圆上按住鼠标左键拖动至右侧正圆上,然后释放鼠标,完成混合的创建,如图3-104所示。

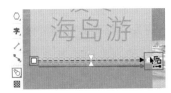

图3-104

⓱ 在属性栏中设置"调和对象"为18,即可得到一连串连续的正圆,如图3-105所示。

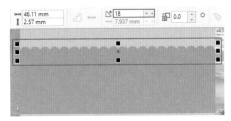

图3-105

⓲ 选中上方的图形,按住Shift键将其向下拖动,至矩形的底端单击鼠标右键,将其快速复制一份,如图3-106所示。

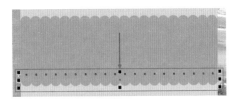

图3-106

⓳ 选择工具箱中的"文本工具",在绿色图形上输入文字,将其颜色更改为黄色,如图3-107所示。

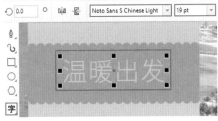

图3-107

⓴ 继续使用同样的方法在黄色图形上输入其他文字,如图3-108所示。

图3-108

21 选择工具箱中的"星形工具",在属性栏中设置"点数和边数"为5,"锐度"为50,在黄色文字的左侧按住Shift键的同时按住鼠标左键拖动,绘制一个星形,并在绘制完成后设置"填充色"为黄色,去除其轮廓色,如图3-109所示。

图3-109

22 选中星形,按住Shift键将其向右拖动,至文字右侧时单击鼠标右键,快速复制一份,如图3-110所示。

图3-110

23 选择工具箱中的"矩形工具",按住鼠标左键拖动,绘制一个细长的矩形,并去除其轮廓色,为其填充绿色,如图3-111所示。

图3-111

24 选中绿色矩形,按住Shift键将其向下拖动,移动至文字下方后单击鼠标右键,将其复制一份,如图3-112所示。

图3-112

25 选择工具箱中的"星形工具",在矩形的下方按住Ctrl键拖动鼠标,绘制一个白色的星形,去除其轮廓色,如图3-113所示。

图3-113

2.制作海报下半部分

1 选择工具箱中的"文本工具",在图片的左下角单击插入光标,接着在属性栏中设置合适的字体与字号,然后输入字母"H",如图3-114所示。

图3-114

2 继续使用工具箱中的"文本工具",在字母"H"的右侧输入文字,如图3-115所示。

图3-115

3 继续使用工具箱中的"文本工具"选中文字,使用Ctrl+T组合键,在打开的"文本"泊坞窗中设置"字距调整范围"为-45%,如图3-116所示。

4 使用同样的方法在字母"H"的右下方输入新的文字,如图3-117所示。

5 执行"文件"|"导入"命令,将素材"2.jpg"导入画面中,如图3-118所示。

图3-116

图3-117

图3-118

6 选中该图片，单击属性栏中的"描摹位图"按钮，在弹出的下拉列表中选择"快速描摹"选项，如图3-119所示。

图3-119

7 此时可以看到在原图之上出现一个描摹图形。选中描摹图形，使用Ctrl+U组合键取消群组，并选中黑色部分将其删除，选中原图将其删除，如图3-120所示。

图3-120

8 选择工具箱中的"文本工具"，在白色图形上输入文字，并在属性栏中设置合适的字体与字号，如图3-121所示。

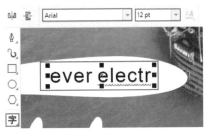

图3-121

9 选中文字与白色图形，单击属性栏中的"移除前面的对象"按钮，制作出镂空效果，如图3-122所示。

图3-122

10 此时画面效果如图3-123所示。

图3-123

⓫ 选择工具箱中的"矩形工具"，在图片的下方按住鼠标左键拖动，绘制一个蓝色的细长矩形，并去除其轮廓色，如图3-124所示。

图3-124

⓬ 选择工具箱中的"文本工具"，在蓝色矩形的右端单击插入光标，在属性栏中设置合适的字体与字号，接着输入文字，如图3-125所示。

图3-125

⓭ 使用同样的方法在底部的白色部分添加其他文字，如图3-126所示。

图3-126

⓮ 选择工具箱中的"矩形工具"，在左侧的文字之间按住鼠标左键拖动，绘制一条垂直的矩形分割线，并去除其轮廓色，为其填充黑色，如图3-127所示。

图3-127

⓯ 使用同样的方法在右侧的两行文字之间绘制一条黑色的矩形分割线，如图3-128所示。

⓰ 执行"文件"|"打开"命令，打开素材"3.cdr"，选中四个图形，如图3-129所示。

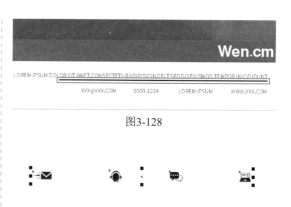

图3-128

图3-129

⓱ 使用Ctrl+C组合键进行复制，接着返回操作文档，使用Ctrl+V组合键进行粘贴，并将其摆放至右侧的四组文字中，如图3-130所示。

图3-130

⓲ 此时本案例制作完成，效果如图3-131所示。

图3-131

3.2.4 实例：动植物园宣传海报

设计思路

案例类型：

本案例为动植物园的宣传海报设计项目，如图3-132所示。

图3-132

图3-133

项目诉求：

本案例要求海报能够清晰地传达动植物园的主题和特色，比如可以突出展示特别的动物或植物种类。要有独特的创意和亮点，能够让人印象深刻并乐于分享。

设计定位：

作为动植物园宣传海报的设计，最重要的是吸引游客的注意力并激发他们的兴趣。在吸引人们的注意力方面，展示受欢迎、珍稀、昂贵的动植物是最好的策略。然而，海报并没有直接使用这些动植物的照片，而是采用了矢量风格的插画元素，这些元素以简练的线条、明亮的色彩和逼真的造型给观众留下深刻的印象，而观众的分享扩大了受众范围，能够吸引成年人和儿童的兴趣。

配色方案

在该海报中，采用了多种纯色来打造视觉效果，整体色彩纯度较低，视觉效果较为柔和。主色调选用了黄绿色，这种颜色温和内敛，能够为画面带来浓郁的自然气息；辅助色使用了洋红色，增加了画面的色彩层次；黑色的文字与多彩的插图形成对比，产生了强烈的反差，同时也稳定了画面的整体色彩，凸显了画面的主题，如图3-133所示。

版面构图

该海报采用垂直型构图方式，内容自上而下垂直排列，观众首先被画面中的图案吸引并阅读标题文字，然后自上而下阅读文字内容。这种构图方式能够在轻松愉悦的氛围中将信息进行传递，如图3-134所示。

图3-134

本案例制作流程如图3-135所示。

图3-135

技术要点

● 使用"阴影工具"添加阴影。

● 使用"属性滴管工具"为对象赋予相同的阴影。

操作步骤

1.制作海报背景及文字

1 执行"文件"|"新建"命令,新建一个A4大小的竖向文档,如图3-136所示。

2 双击工具箱中的"矩形工具"按钮,新建一个与画板等大的矩形,并去除其轮廓色,为其填充黄绿色,如图3-137所示。

图3-136　　　　图3-137

3 选择工具箱中的"文本工具",在画面顶端的中间位置单击插入光标,在属性栏中设置合适的字体与字号,然后输入文字,如图3-138所示。

图3-138

4 执行"文件"|"打开"命令,打开素材"1.cdr",使用工具箱中的"选择工具"选中考拉动物图形,使用Ctrl+C组合键进行复制,如图3-139所示。

图3-139

5 返回操作文档,使用Ctrl+V组合键进行粘贴,并将其摆放至深蓝色文字的右侧,如图3-140所示。

图3-140

6 选中左侧文字,按住鼠标左键将其向右拖动至考拉图案右侧后单击鼠标右键,将文字复制一份,如图3-141所示。

图3-141

7 使用工具箱中的"文本工具",删除原文字,输入新文字,如图3-142所示。

图3-142

8 选择工具箱中的"文本工具",在画面中单击插入光标,然后在属性栏中设置合适的字体与字号,并输入文字,如图3-143所示。

图3-143

9 继续使用同样的方法输入其他文字,如图3-144所示。

10 选中所有文字,使用Ctrl+K组合键进行拆分,然后适当调整文字的位置,如图3-145所示。

图3-144 图3-145

图3-148 图3-149

⓫ 选中第一个文字，使用工具箱中的"阴影工具"，在文字上按住鼠标左键拖动添加阴影，在属性栏中设置"合并模式"为"乘"，"阴影不透明度"为50，"阴影羽化"为15，如图3-146所示。

2. 制作海报主体元素

❶ 打开素材1，选中花鸟图案，使用Ctrl+C组合键进行复制，接着返回操作文档，使用Ctrl+V组合键进行粘贴，并将其摆放至文字上方，如图3-150所示。

图3-146

图3-150

⓬ 选择工具箱中的"属性滴管工具"，在属性栏中单击"属性"按钮，取消勾选"轮廓""填充"与"文本"复选框，接着单击右侧的"效果"按钮，选中"阴影"复选框。然后将光标移动至第一个文字上单击，拾取其阴影属性，如图3-147所示。

❷ 选中字母"A"，多次执行"对象"|"顺序"|"向前一层"命令或者使用Ctrl+PgUp组合键将其向前移动，如图3-151所示。

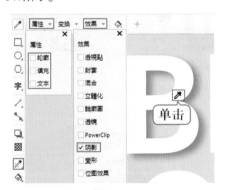

图3-147

图3-151

⓭ 将光标移动至第二个文字上单击，赋予其相同的阴影属性，如图3-148所示。

⓮ 继续在其他字母上单击，为字母添加阴影效果，如图3-149所示。

❸ 选中字母"L"，单击鼠标右键，在弹出的快捷菜单中选择"顺序"|"到页面前面"命令，将其置于画面最前方，如图3-152所示。

❹ 继续使用同样的方法调整其他文字的顺序，如图3-153所示。

图3-152

图3-153

5 选中动物头部后方的花朵，选择工具箱中的"阴影工具"，按住鼠标左键拖动，为其添加阴影，并在属性栏中设置"阴影不透明度"为65，"阴影羽化"为50，如图3-154所示。

图3-154

6 继续使用同样的方法为动物腹部右侧的花朵添加阴影效果，如图3-155所示。

7 使用工具箱中的"钢笔工具"，参照字母"V"的左侧部分绘制图形，制作出文字遮挡花

朵的效果，并去除图形轮廓色，将其填充为白色，如图3-156所示。

8 继续使用工具箱中的"钢笔工具"，在字母"H"的右侧绘制一个图形，并去除其轮廓色，为其填充白色，如图3-157所示。

图3-155

图3-156   图3-157

9 选择工具箱中的"属性滴管工具"，将光标移动至文字上单击，拾取其阴影属性，如图3-158所示。

10 将光标移动至白色的图形上单击，赋予其相同的阴影属性，如图3-159所示。

图3-158   图3-159

11 此时画面效果如图3-160所示。

图3-160

⑫ 选择工具箱中的"文本工具",单击插入光标后,在属性栏中设置合适的字体与字号,然后输入文字,如图3-161所示。

图3-161

⑬ 选中文字,执行"窗口"|"泊坞窗"|"文本"命令,在打开的"文本"泊坞窗中单击"段落"按钮,设置"文本对齐"为"中","行间距"为76.0%,如图3-162所示。

图3-162

⑭ 此时画面效果如图3-163所示。

图3-163

⑮ 选择工具箱中的"文本工具",在画面下方输入合适的文字,如图3-164所示。

图3-164

⑯ 选择工具箱中的"矩形工具",在属性栏中设置"圆角半径"为6.0mm,在文字上按住鼠标左键拖动,绘制一个圆角矩形,如图3-165所示。

图3-165

⑰ 此时本案例制作完成,效果如图3-166所示。

图3-166

广告设计

·本章概述·

　　广告是用来陈述和推广信息的一种方式。我们的生活中充斥着各类广告，广告的类型和数量在日益增多。随着数量的增多，对于广告设计的要求也越来越高，想要成功地吸引消费者的眼球也不再是一件易事，这就要求我们在进行广告设计时必须了解和学习广告设计的相关内容。本章主要从认识广告、广告的常见类型、广告设计的原则等方面来介绍广告设计。

4.1 广告设计概述

广告设计是一种现代艺术设计方式，在视觉传达设计中占有重要地位。现代广告设计已经从静态的平面广告发展为动态广告，以多种多样的形式融入我们的生活，吸引我们的眼球。一个好的广告设计能有效地传播信息，从而达到超乎想象的反馈效果。

4.1.1 认识广告

广告，从字面上理解即广而告之。广告设计是通过图像、文字、色彩、版面、图形等元素进行平面艺术创意而实现广告目的和意图的一种设计活动和过程。在现代商业社会中，广告是用来宣传企业形象、销售企业产品及服务和传播某种信息的重要手段，通过广告的宣传增加了产品的附加价值，促进了产品的消费，从而产生了一定的经济效益，如图4-1所示。

图4-1

4.1.2 广告的常见类型

随着市场竞争日益激烈，如何使自己的产品从众多同类产品中脱颖而出一直是困扰商家的

难题，利用广告进行宣传自然成为一个很好的途径。这也促使了广告业的迅速发展，广告的类型也趋向多样化，常见类型主要有平面广告、户外广告、互联网广告、电视广告、传播广告和电话广告等。

1. 平面广告

平面广告主要是以静态的形态呈现，包含图形、文字、色彩等诸多要素。其表现形式多种多样，包括绘画的、摄影的、拼贴的等。平面广告多为纸质版，刊载的信息有限，但具有随意性，可进行大批量生产。具体来说，平面广告包含报纸杂志广告、DM单广告、POP广告、企业宣传册广告、招贴广告、书籍广告等类型。

报纸杂志广告通常占据其载体的一小部分，与报纸杂志一同销售，一般适用于展销、展览、劳务、庆祝、航运、通知、招聘等。其内容繁杂，但简短、精练，广告费用较为实惠，具有一定的经济性、持续性，如图4-2所示。

图4-2

DM单广告是一种直接向消费者传达信息的通道，广告主可根据个人意愿选择广告内容。DM单广告可通过邮寄、传真、柜台散发、专人送达、来函索取等方式发散，具有一定的针对性、灵活性和及时性，如图4-3所示。

POP广告通常置于购买场所的内部空间、零售商店的周围、商品陈设物附近等地。POP广告多用水性马克笔或油性麦克笔和各种颜色的专用纸制作，其制作方式、所用材料多种多样，而且手绘POP广告更具亲和力，制作成本也较为低廉，如图4-4所示。

图4-3

图4-4

企业宣传册广告一般适用于企业产品、服务及整体品牌形象的宣传。其内容以企业品牌整体为主，具有一定的针对性、完整性，如图4-5所示。

图4-5

招贴广告是一种集艺术与设计为一体的广告形式。其表现形式更富有创意和审美性。它所带

来的不仅是经济效益，对于消费者精神文化方面也有一定的影响，如图4-6所示。

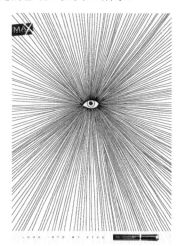

图4-6

2. 户外广告

户外广告主要投放在交通流量较大、较为公众的室外场地。户外广告既有纸质版，也有非纸质版。具体来说，户外广告包含灯箱广告、霓虹灯广告、车身广告、场地广告、路牌广告等类型。

灯箱广告主要用于企业宣传，一般放在建筑物的外墙上、楼顶、裙楼等位置。白天为彩色广告牌，晚上亮灯则成为内打灯，向外发光。经过照明后，广告的视觉效果更加强烈，如图4-7所示。

图4-7

霓虹灯广告是通过利用不同颜色的霓虹管制成文字或图案，夜间呈现一种闪动灯光模式，动感而耀眼，如图4-8所示。

车身广告是一种置于公交车或专用汽车两侧

之上的广告。其传播方式具有一定的流动性，传播区域较广，如图4-9所示。

图4-8

图4-9

场地广告是指置于地铁、火车站、机场等地点范围内的各种广告，如在扶梯、通道、车厢等位置，如图4-10所示。

图4-10

路牌广告主要置于公路或交通要道两侧，近年来还出现了一种新型画面可切换路牌广告。路牌广告形式多样，立体感较强，画面十分醒目，

能够更快地吸引观众的眼球，如图4-11所示。

图4-11

3.互联网广告

互联网广告是指利用网络发放广告，有弹出式、文本链接式、直接阅览式、邮件式、点击式等多种方式，如图4-12所示。

图4-12

4.电视广告

电视广告是以电视为媒介的传播信息的形式。其时间长短依内容而定，具有一定的独占性和广泛性，如图4-13所示。

图4-13

5.广播广告

广播广告一般置于商店和商场内。广播广告持续时间较短，但时效性和反馈性较强。

6.电话广告

电话广告是以电话为媒介的传播信息的形式，有拨号、短信、语音等方式。其具有一定的主动性、直接性、实时性。

4.1.3 广告设计的原则

现代广告设计原则是根据广告的本质、特征、目的所提出的根本性、指导性的准则和观点。其主要包括可读性原则、形象性原则、真实性原则、关联性原则。

可读性原则：无论多好的广告，都要让受众清楚地了解其主要表现的是什么。所以必须要具有普遍的可读性，只有准确地传达信息，产品才能真正地投放市场，投向公众。

形象性原则：一个平淡无奇的广告是无法打动消费者的，只有运用一定的艺术手法渲染和塑造产品形象，才能使产品在众多的广告中脱颖而出。

真实性原则：真实是广告最基本的原则，只有真实地表现产品或服务特质才能吸引消费者。不仅要保证宣传内容的真实性，还要保证以真实的形象表现产品。

关联性原则：不同的商品适用于不同的公众，所以要确定和了解受众的审美需求，进行相关的广告设计。

4.2 广告设计实战

4.2.1 实例：休闲饮品灯箱广告

设计思路

案例类型：

本案例为休闲饮品的灯箱广告设计项目，如图4-14所示。

图4-14

项目诉求：

该广告将用于公交站牌中，需要考虑白天和夜晚两种不同光源下的效果，并且能够在室外远距离的情况下传达信息。在快节奏、高频率的当下，能够引起来去匆忙的观众的兴趣，促进消费。

设计定位：

该海报采用简约风格，内容简短、精练，大面积的留白能够减少观众冥思苦想的时间，留给观众充分的想象空间。而且画面整体颜色明度较高，当夜晚灯光亮起后也能够保证画面信息的传递。

【配色方案】

本案例整体采用高明度、低纯度的配色方案，以浅灰色为主色调，柔和舒适。产品包装采用紫色和绿色作为辅助色和点缀色，有助于与产品形成呼应。画面以简约、明了、易懂的形式展现产品特点，能够快速吸引观众的注意力，如图4-15所示。

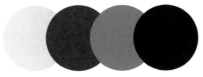

图4-15

【版面构图】

本案例的构图简约，产品位于画面右侧，产品后方添加了同心圆，这种设计可以使观众的视线聚焦于产品上。文字位于画面左侧，一方面可以进行解释说明，另一方面可以平衡构图，如图4-16所示。

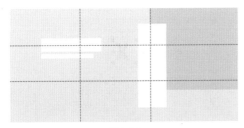

图4-16

本案例制作流程如图4-17所示。

图4-17

【技术要点】

● 使用"轮廓图工具"制作多个椭圆形组成的图案。

● 使用图文框精确剪裁隐藏多余的部分。

● 使用"折线工具"绘制不规则图形。

【操作步骤】

1. 制作广告背景

❶ 执行"文件"|"新建"命令，新建一个"宽度"为300.0mm，"高度"为150.0mm的空白文档，如图4-18所示。

图4-18

❷ 双击工具箱中的"矩形工具"按钮，创建一个与画板等大的灰色矩形，去除其轮廓色，如

图4-19所示。

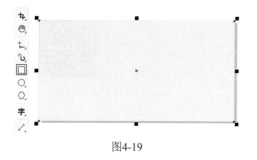

图4-19

❸ 选择工具箱中的"椭圆形工具"，在画面中按住鼠标左键拖动，绘制一个椭圆形，并将其轮廓色更改为深灰色，"轮廓宽度"设置为0.5mm，如图4-20所示。

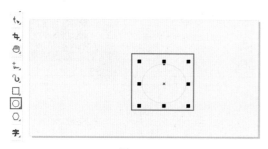

图4-20

❹ 选中该椭圆，选择工具箱中的"轮廓图工具"，将光标移动至正圆上，按住鼠标左键拖动，接着在属性栏中单击"外部轮廓"按钮，设置"步长"为4，"轮廓色"为深灰色，如图4-21所示。

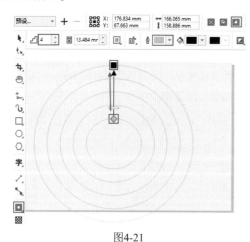

图4-21

❺ 选中该图案纹理，执行"对象"|PowerClip|"置于图文框内部"命令，将光标移动至灰色矩

形上单击，如图4-22所示。

图4-22

❻ 此时画面效果如图4-23所示。

图4-23

❼ 选择工具箱中的"矩形工具"，在画面的右上方按住鼠标左键拖动，绘制一个矩形，并去除其轮廓色，为其填充紫色，如图4-24所示。

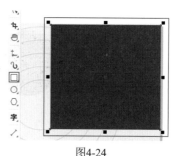

图4-24

❽ 制作标志。选择工具箱中的"文本工具"，在画面的左上角单击插入光标，在属性栏中设置合适的字体与字号，接着输入文字，如图4-25所示。

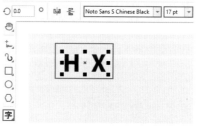

图4-25

❾ 选择工具箱中的"折线工具"，在两个文字

之间以单击的方式绘制一个多边形，去除其轮廓色，为其填充紫色，如图4-26所示。

图4-26

2. 制作广告主体内容

❶ 执行"文件"|"导入"命令，将素材"1.png"导入画面中，如图4-27所示。

图4-27

❷ 选择工具箱中的"文本工具"，在画面的合适位置单击插入光标，在属性栏中设置合适的字体与字号，输入文字，如图4-28所示。

图4-28

❸ 继续使用工具箱中的"文本工具"，将光标移动至文字的末端位置，按住鼠标左键拖动选中部分文字，将其颜色更改为绿色，如图4-29所示。

图4-29

❹ 选中所有文字，执行"窗口"|"泊坞窗"|"文本"命令，在打开的"文本"泊坞窗中设置"字距调整范围"为-50%，如图4-30所示。

图4-30

❺ 选择工具箱中的"文本工具"，在该文字的下方输入一行文字，并在属性栏中设置合适的字体与字号，如图4-31所示。

图4-31

❻ 继续使用工具箱中的"文本工具"，按住鼠标左键拖动，绘制一个文本框，接着在属性栏中设置合适的字体与字号，输入文字，并更改其颜色为紫色，如图4-32所示。

图4-32

❼ 继续使用同样的方法在紫色文字的下方输入段落文本，如图4-33所示。

图4-33

❽ 制作装饰部分。使用工具箱中的"文本工具",输入文字,并在属性栏中设置合适的字体与字号,如图4-34所示。

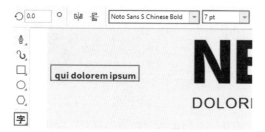

图4-34

❾ 选中文字,在属性栏中设置"旋转角度"为90.0°,并调整文字的位置,如图4-35所示。

❿ 选择工具箱中的"2点线工具",在文字的下方,按住Shift键的同时按住鼠标左键拖动,绘制一条直线,如图4-36所示。

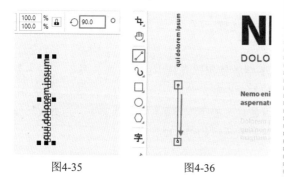

图4-35   图4-36

⓫ 选中直线,在属性栏中单击"轮廓宽度"的倒三角按钮,在下拉列表框中选择0.75mm,如图4-37所示。

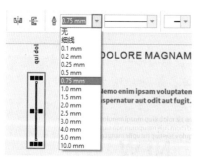

图4-37

⓬ 选中最左侧的文字与直线,按住鼠标左键向右拖动,至紫色矩形的合适位置时单击鼠标右键,快速将其复制一份,如图4-38所示。

⓭ 选择工具箱中的"文本工具",在右侧的文字

上按住鼠标左键拖动,将文字选中,然后删除原文字,输入新文字,并将其颜色更改为白色,如图4-39所示。

图4-38

图4-39

⓮ 选中文字下方的直线,更改其颜色为白色,如图4-40所示。

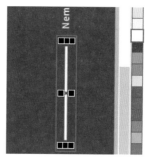

图4-40

⓯ 此时本案例制作完成,效果如图4-41所示。

图4-41

4.2.2 实例：商场X展架促销广告

设计思路

案例类型：

本案例为商场X展架促销广告设计项目，如图4-42所示。

图4-42

项目诉求：

该广告将用于商场的促销活动，以"全家齐享"为主题，需要吸引顾客的注意力并促进销售。该广告需要适应不同的场景和客户群，如购物中心、超市、人流密集区等，能够在快节奏、高频率的当下，快速地传达广告信息并给顾客留下深刻的印象。

设计定位：

该广告采用活力感的设计风格，以较大的文字信息突出促销主题，以卡通化的人物切合"全家齐享"的主题，使顾客一眼就能够了解产品和促销信息，激发顾客的兴趣和购买欲望。

配色方案

该案例的整体色调喜庆、热烈，非常适合传达节日里的促销产品信息。主色调采用了稍淡一些的红色，可以吸引商场这种嘈杂环境下人们的注意力；辅助色采用了青绿色，其清爽、活泼的特点与红色背景形成了鲜明的对比；点缀色采用了黄色，与红色形成了鲜明的对比，使整个画面充满了感染力和生命力，如图4-43所示。

图4-43

版面构图

为适应X展架的要求，该案例使用了竖版细长的画面构图。这类版面通常采用自上而下的布置方式。观众首先会被幽默的标语所吸引，其次目光会顺着画面向下至插图位置，最后阅读具体的信息。这种构图方式具有很强的秩序感和稳定感，同时让人感觉清晰明了，因此是X展架广告常用的构图方式，如图4-44所示。

本案例制作流程如图4-45所示。

图4-44

图4-45

● 使用"封套工具"为文字进行变形。

● 使用"变换"泊坞窗为文字进行倾斜。

● 利用"艺术笔工具"创建装饰元素。

1.制作广告主体文字

❶ 执行"文件"|"新建"命令，新建一个"宽度"为600.0mm，"高度"为1600.0mm的空白文档，如图4-46所示。

❷ 双击工具箱中的"矩形工具"按钮，创建一个与画板等大的矩形，为其填充一个合适的红色，并去除其轮廓色，如图4-47所示。

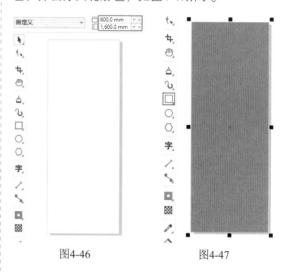

图4-46　　　　　　　　　图4-47

❸ 制作标志。选择工具箱中的"文本工具"，在画面顶端单击，在属性栏中设置合适的字体与字号，然后输入文字，如图4-48所示。

图4-48

❹ 继续使用同样的方法在其右侧输入两行稍小的文字，如图4-49所示。

图4-49

❺ 使用工具箱中的"文本工具"，选中上方的中文，执行"窗口"|"泊坞窗"|"文本"命令，打开"文本"泊坞窗，设置"字距调整范围"为150%，如图4-50所示。

❻ 继续使用同样的方法调整下方英文的字间距，如图4-51所示。

图4-50

图4-51

7 制作画面主体。选择工具箱中的"矩形工具",在画面中按住鼠标左键拖动,绘制一个白色矩形,去除其轮廓色,如图4-52所示。

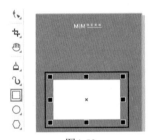

图4-52

8 选择工具箱中的"钢笔工具",在白色矩形的下方绘制一个图形,在属性栏中设置"填充色"为青色,"轮廓色"为白色,"轮廓宽度"为1.5mm,如图4-53所示。

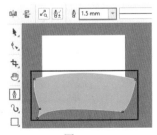

图4-53

9 选择工具箱中的"文本工具",在画面中单击插入光标,在属性栏中设置合适的字体与字号,接着输入文字,如图4-54所示。

10 选中文字,选择工具箱中的"封套工具",将光标移动至控制点上,按住鼠标左键将其向

上拖动,至合适的位置时释放鼠标,如图4-55所示。

图4-54

图4-55

11 将光标移动至左上侧的控制点上单击,按住鼠标左键拖动控制柄,调整封套形态,如图4-56所示。

图4-56

12 单击右上角的控制点,按住鼠标左键向上拖动,并拖动控制柄对封套形状进行调整,如图4-57所示。

图4-57

⑬ 继续使用同样的方法在该文字的下方输入新的文字，并利用"封套工具"对文字进行变形，如图4-58所示。

图4-58

⑭ 选择顶部的文字，接着选择工具箱中的"轮廓图工具"，将光标移动至最上方的文字上按住鼠标左键拖动，然后在属性栏中单击"外部轮廓"按钮，设置"步长"为1，"填充色"为白色，如图4-59所示。

图4-59

⑮ 继续使用同样的方法为第二行文字添加轮廓图，如图4-60所示。

图4-60

2.制作广告说明文字

❶ 执行"文件"|"打开"命令，打开素材"1.cdr"，如图4-61所示。

图4-61

❷ 选中图案，使用Ctrl+C组合键进行复制，接着返回当前操作文档，使用Ctrl+V组合键进行粘贴，并将其摆放至画面中的合适位置，如图4-62所示。

图4-62

❸ 选择工具箱中的"椭圆形工具"，在青色图形的右侧按住Ctrl键拖动，绘制一个黄色的正圆，去除其轮廓色，如图4-63所示。

图4-63

❹ 选择工具箱中的"常见的形状工具"，在属性栏中单击"常用形状"按钮，在下拉面板中选择合适的形状，然后在画面中按住鼠标左键拖动，在黄色正圆上进行绘制，并更改颜色为亮黄色，如图4-64所示。

❺ 选择工具箱中的"文本工具"，在画面中单击

插入光标,在属性栏中设置合适的字体与字号,接着输入文字,如图4-65所示。

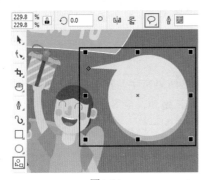

图4-64

图4-65

⑥ 选中文字,执行"窗口"|"泊坞窗"|"变换"命令,在打开的"变换"泊坞窗中,单击"倾斜"按钮,设置X为-20.0,单击"应用"按钮,如图4-66所示。

图4-66

⑦ 此时画面效果如图4-67所示。

图4-67

⑧ 继续使用同样的方法制作另外一行文字,如图4-68所示。

图4-68

⑨ 制作下方的信息。选择工具箱中的"椭圆形工具",在画面中的合适位置按住Ctrl键拖动鼠标,绘制一个正圆,并在属性栏中设置"填充色"为青色,"轮廓色"为白色,"轮廓宽度"为2.0mm,如图4-69所示。

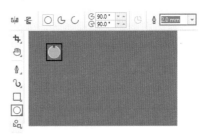

图4-69

⑩ 继续使用同样的方法在正圆内绘制一个稍小一些的正圆,更改其填充颜色为白色,并在属性栏中设置其"轮廓宽度"为0.5mm,"线条样式"为虚线,如图4-70所示。

图4-70

⑪ 选择工具箱中的"文本工具",在正圆内单击,在属性栏中设置合适的字体与字号,接着输入文字,如图4-71所示。

⑫ 继续使用同样的方法在正圆的右侧输入新的文字,如图4-72所示。

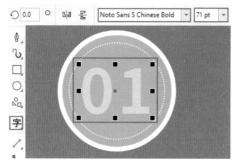

图4-71

图4-72

⓭ 使用工具箱中的"文本工具",选择第一行文字中的数字,在属性栏中设置合适的字体与字号,如图4-73所示。

图4-73

⓮ 选择工具箱中的"2点线工具",在两行文字之间按住Shift键拖动鼠标,绘制一条直线,并在属性栏中设置其"轮廓宽度"为1.0mm,如图4-74所示。

图4-74

⓯ 选中正圆、文字与直线,按住Shift键的同时按住鼠标左键拖动,至右侧位置时单击鼠标右键,将其快速复制一份,如图4-75所示。

图4-75

⓰ 选中这两组文字,按住Shift键的同时按住鼠标左键向下拖动,至下方位置时单击鼠标右键,将其快速复制一份,如图4-76所示。

图4-76

⓱ 选择工具箱中的"文本工具",更改画面中的文字,如图4-77所示。

图4-77

⓲ 选择工具箱中的"2点线工具",在两行文字下方按住Shift键拖动鼠标,绘制一条直线,并在属性栏中设置其"轮廓宽度"为1.0mm,如图4-78所示。

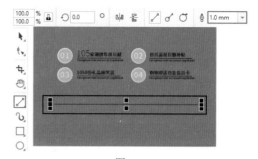

图4-78

⓳ 选择工具箱中的"文本工具",在属性栏中设置合适的字体与字号,在直线的下方输入文字,如图4-79所示。

⓴ 打开素材"2.cdr",选中四个图形,使用Ctrl+C组合键进行复制,接着返回操作文档,使用Ctrl+V

组合键进行粘贴，并将其摆放在合适位置，如图4-80所示。

图4-79

图4-80

3. 制作装饰图案

❶ 选择工具箱中的"椭圆形工具"，在画面中按住鼠标左键拖动，绘制一个椭圆，去除其轮廓色，为其填充浅青色，如图4-81所示。

图4-81

❷ 继续使用同样的方法再绘制三个浅青色正圆，使用Ctrl+G组合键进行组合，如图4-82所示。

图4-82

❸ 选中组合，将其复制一份，更改其颜色为白色，并调整其位置。然后选中浅青色与白色图形，将其组合在一起，如图4-83所示。

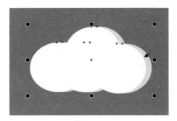

图4-83

❹ 选中该云朵图形，将其复制一份，摆放在画面的合适位置，接着按住鼠标左键拖动控制点，调整其大小，并在属性栏中设置合适的旋转角度，如图4-84所示。

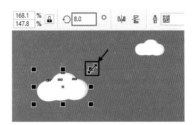

图4-84

❺ 继续使用同样的方法制作其他的云朵图案，如图4-85所示。

图4-85

❻ 选中画面中间的图形，执行"对象"|"顺序"|"到页面前面"命令，将其置于云朵图案的前方，如图4-86所示。

图4-86

7 选择工具箱中的"椭圆形工具"，在文字上按住Ctrl键拖动鼠标，绘制一个正圆，去除其轮廓色，为其填充亮黄色，如图4-87所示。

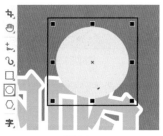

图4-87

8 继续使用同样的方法在正圆上绘制一个白色的小正圆，如图4-88所示。

图4-88

9 选择工具箱中的"钢笔工具"，在亮黄色的正圆上绘制一个白色的图形，去除其轮廓色，如图4-89所示。

图4-89

10 选中亮黄色的正圆与其上的白色图形，使用

Ctrl+G组合键进行组合，并多次使用Ctrl+PgDn组合键将其置于文字的下方，如图4-90所示。

图4-90

11 选中该图形将其复制一份，摆放在画面的合适位置，并按住鼠标左键拖动控制点将其适当缩小，如图4-91所示。

图4-91

12 继续使用同样的方法将该图形进行复制、移动、缩放、调整顺序等操作，并将其放置在画面的合适位置，如图4-92所示。

图4-92

⑬ 选择工具箱中的"矩形工具",在画面中按住Ctrl键拖动鼠标,绘制一个青色的正方形,如图4-93所示。

图4-93

⑭ 选择工具箱中的"椭圆形工具",在画面中按住Ctrl键拖动鼠标,绘制一个正圆,更改其轮廓色为蓝色,将其填充为白色,如图4-94所示。

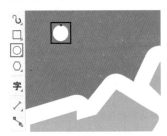

图4-94

⑮ 选择工具箱中的"2点线工具",将光标移至正圆上,按住鼠标左键向正方形的方向拖动,绘制一条直线,如图4-95所示。

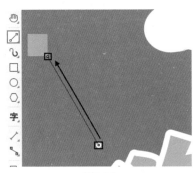

图4-95

⑯ 选择矩形、正圆与直线,使用Ctrl+G组合键进行组合,按住鼠标左键将其拖动至画面相应位置的右侧时单击鼠标右键,将其复制一份,并在属性栏中设置"旋转角度"为180.0°,将其进行左右翻转,如图4-96所示。

⑰ 继续使用同样的方法在画面主体的下方制作另外两个相同的图形,如图4-97所示。

图4-96

图4-97

⑱ 选择工具箱中的"艺术笔工具",在属性栏中单击"喷涂"按钮,接着单击"类别"按钮,在下拉列表框中选择"对象"选项,并单击"喷射图样"按钮,在下拉列表框中选择第一种图样,如图4-98所示。

图4-98

⑲ 在画板以外的空白区域按住鼠标左键由左向右拖动,绘制一条路径,如图4-99所示。

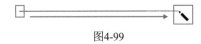

图4-99

⑳ 至合适位置时释放鼠标，此时的画面效果如图4-100所示。

图4-100

㉑ 单击鼠标右键，在弹出的快捷菜单中选择"拆分艺术笔组"命令，如图4-101所示。

图4-101

㉒ 此时的艺术笔组被拆分为两部分，移动图案的位置，选中路径，按Deltet键将其删除，如图4-102所示。

图4-102

㉓ 选中拆分出的对象，单击鼠标右键，在弹出的快捷菜单中选择"取消群组"命令或者使用Ctrl+U组合键取消群组，如图4-103所示。

图4-103

㉔ 选中月亮图形，将其移动至画面上方左侧的云朵图形上，并按住鼠标左键拖动控制点将其适当放大，如图4-104所示。

图4-104

㉕ 继续使用同样的方法将其他小元素摆放至画面

中的合适位置，并调整其大小与角度，如图4-105所示。

图4-105

㉖ 此时本案例制作完成，效果如图4-106所示。

图4-106

UI 设计

· 本章概述 ·

　　界面设计是对软件外观的设计，一个软件的界面不仅能够影响其带给用户的视觉体验，还能够影响用户的使用体验，甚至会影响软件受欢迎的程度。本章主要从认识 UI 设计、跨平台的 UI 设计、UI 设计的基本流程、UI 设计的流行趋势等几方面来介绍 UI 设计。

5.1 UI设计概述

5.1.1 认识UI设计

UI（User Interface）即用户界面，通常理解为界面的外观设计，但是实际上还包括用户与界面之间的交互关系。我们可以把UI设计定义为软件的人机交互、操作逻辑、界面美观的整体设计。

一个优秀的设计作品，需要具备以下几个设计标准：产品的有效性、产品的使用效率和用户主观满意度。延伸开来，其还包括对用户而言产品的易学程度、对用户的吸引程度以及用户在体验产品前后的整体心理感受等，如图5-1所示。

图5-1

简单来说，UI设计分为三个方面：用户研究、交互设计和界面设计。

1.用户研究

从事用户研究工作的人称为用户研究员或研究工程师。用户研究就是研究人类信息处理机制、心理学、消费者心理学、行为学等学科，通过研究得出更适合用户理解和操作使用的方式。用户研究员可以从用户怎么说、用户怎么想、用户怎么做和用户需要什么去着手研究。

2.交互设计

交互设计就是研究人与界面之间的关系，设计过程中需要以用户体验为基础进行设计，同时还要考虑用户的背景、使用经验以及在操作过程中的感受，从而设计出符合用户使用逻辑，并在使用中产生愉悦感的产品。交互设计的工作内容是设计整个软件的操作流程、树状结构、软件结构和操作规范等。

3.界面设计

界面设计就是对软件的外观的设计。从心理学意义上讲，界面可分为感觉（视觉、触觉、听觉等）和情感两个层次。一个友好、美观的界面，能够拉近人与产品之间的距离，在赏心悦目的同时，也能更好地抓住用户的心，从而增加自身的市场竞争力。

5.1.2 跨平台的UI设计

UI设计的应用非常广泛，我们使用的聊天软件、办公软件、手机App在设计过程中都需要进行UI设计。按照应用平台类型的不同进行分类，UI设计可以应用在C/S平台、B/S平台以及App平台。

1. C/S平台

C/S（Client/Server）即通常所说的PC平台。应用在PC端的UI设计也称为桌面软件设计，此类软件是安装在电脑上的，例如安装在电脑中的杀毒软件、游戏软件、设计软件等，如图5-2所示。

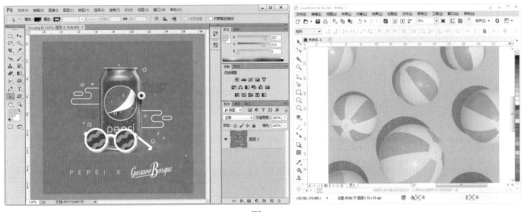

图5-2

2. B/S平台

B/S（Browser /Server），也称为Web平台。在Web平台中，需要借助浏览器打开UI设计的作品，这类作品就是我们常说的网页设计。B/S平台分为两类，一种是网站，另一种是B/C软件。网站是由多个页面组成的，是网页的集合。访客通过浏览网页来访问网站，例如淘宝网、新浪网都是网站。B/C软件是一种可以应用在浏览器中的软件，它简化了系统的开发和维护。常见的校务管理系统、企业ERP管理系统都是B/C软件，如图5-3所示。

图5-3

3. App平台

App（Application）即应用程序，是安装在手机或掌上电脑上的应用的产品。App也有自己的平台，时下最热门的就是iOS平台和Android平台，如图5-4所示。

图5-4

5.1.3 UI设计的基本流程

UI设计的基本流程一般可以分为四个阶段，即分析阶段、设计阶段、配合阶段和验证阶段。

1. 分析阶段

当我们接触一个产品，首先就要对它进行了解与分析。分析阶段包括需求分析、用户场景模拟和竞品分析三部分。

需求分析就是本次设计的出发点。用户场景模拟是指了解产品的现有交互以及用户使用产品的习惯等。竞品分析是了解当下同类产品的竞争状况，这样才能做到知己知彼，同时也能够给自身的设计带来启发。

2. 设计阶段

在设计阶段，设计方法采用面向场景、面向市场驱动和面向对象的设计方法。面向场景就是在使用产品时进行场景模拟，在模拟的场景中发现问题，为后续的设计工作做好铺垫。面向市场驱动是对产品响应与触发事件的设计，也就是交互设计。面向对象的设计方法是因为产品的受众人群不同，所以产品的设计风格也不同，产品的受众人群决定了产品的定位。

3. 配合阶段

一个设计产品的问世，是一个团队的努力。在这个团队中大家都要相互配合。当产品图设计完成后，设计师需要跟进后续的前端开发、测试

等环节，确保最后的产出物和设计方案一致。

4. 验证阶段

产品在投放市场之前需要进行验证。验证内容包括是否与当初设计产品时的想法一致、产品是否可用、用户使用的满意度以及是否与市场需要一致等内容。

5.1.4 UI设计的流行趋势

设计的流行趋势总是在不断地变化，几乎每隔一段时间就有新的设计风格产生。下面列举几种比较常见的UI设计风格。

1. 拟物化

拟物化是指界面中的元素模拟现实中的对象，从而唤起用户的熟悉感，降低界面认知学习的成本，比如，购买的按钮会设计成购物车，音频类图标会设计成耳机图形，如图5-5所示。

图5-5

2. 超写实风格

从拟物化风格衍生出的是超写实风格，其模拟现实物品的造型和质感，通过叠加高光、纹

理、材质、阴影等效果对实物进行再现，也可对其进行适当程度的变形和夸张，界面模拟真实物体。这种设计风格追求真实感、体积感，非常注重对细节的刻画。通常超写实风格应用于各种游戏的按钮、图标设计中，如图5-6所示。

图5-6

3. 扁平化

扁平化是最近几年流行起来的设计风格，扁平化的特点是界面干净、整齐，没有过多的修饰。并且在设计元素上强调抽象、极简、符号化，如图5-7所示。

4. 微质感

微质感既具有拟物化的真实性，又具有扁平化的简洁性。微质感特别注重设计的细节，例如添加精细的底纹、制作凹陷或凸起的效果，如图5-8所示。

5. 动效化

无论是App的引导界面，还是网页中的按钮，应用动效化都能够增强UI设计作品的体验效果。在不进行操作的情况下它是静止的。当光标移动至链接图片的位置时，图片就会发生变化，此时单击即可进行页面的跳转，如图5-9所示。

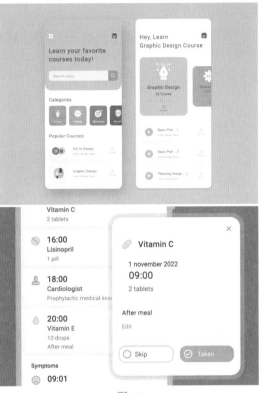

图5-7

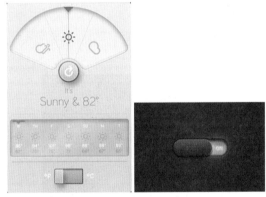

图5-8

图5-9

137

6. 大幅页面

随着网络的普及以及屏幕尺寸的增加，越来越多的UI设计作品通过采用大幅图片来突出主题，增强视觉效果，如图5-10所示。

图5-10

5.2 UI设计实战

5.2.1 实例：文章页面UI设计

设计思路

案例类型：

本案例为图文创作分享类App的文章页面UI设计项目，如图5-11所示。

图5-11

项目诉求：

作为一个图文创作分享类App，其核心是用户生成的内容。因此，UI设计需要鼓励和促进用户创作和分享，让用户能够方便地发布和分享自己的创意作品。本案例需要为App中的文章阅读页面设计界面，要求界面简洁大方、图文结合、整齐、稳重且符合用户的阅读习惯。

设计定位：

在这款App的文章页面设计中，为了使读者获得较好的阅读体验，版面的布局非常注重页面的平衡感。上半部分由吸引眼球的图片和标题文字构成，中间部分为精心排版的正文，底部为点赞、评论按钮，符合用户的操作习惯。通过一定面积留白的设计，让阅读变得轻松愉悦，减轻了用户的阅读压力。

配色方案

在该页面中，顶部的图片会随着用户发布的内容而产生变化，为了适应不同图片的色彩，当前页面中大面积使用的颜色就不宜过于抢眼。当前页面选择以深浅不同的两种橄榄绿作为主色。这是一种明度比较低的，且略带暖意的绿色，给人沉稳、雅致的感觉。以小面积的洋红色作为点缀色，洋红色的按钮在整个页面中显得非常突出，能够活跃画面的气氛，让整个画面的色彩更加饱满、丰富，如图5-12所示。

图5-12

为了创造舒适的阅读体验，当前页面利用颜色和明度的差异进行版面划分，有助于读者快速分辨主次关系。页面上方的图片能够快速吸引用户的注意力，并引起其对下方文字的阅读兴趣。文字排版简洁整齐，同时要注意，文字之间要保留适当的间距，这样可以为读者提供更好的阅读体验，如图5-13所示。

图5-13

本案例制作流程如图5-14所示。

图5-14

技术要点

- 使用"文本工具"与"文本"泊坞窗制作大段的正文。
- 使用"高斯模糊"柔化矩形。
- 使用"阴影工具"为对象添加投影，增加立体感。

操作步骤

1.制作页面平面图

1 执行"文件"|"新建"命令，新建一个大小合适的空白文档，如图5-15所示。

图5-15

2 双击工具箱中的"矩形工具"按钮，创建一个与画板等大的矩形，去除其轮廓色，为其填充橄榄绿色，如图5-16所示。

3 继续使用工具箱中的"矩形工具"，在画面的下端按住鼠标左键拖动，绘制一个深橄榄绿色的矩形，如图5-17所示。

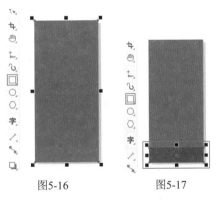

图5-16   图5-17

4 执行"文件"|"导入"命令，将素材"1.jpg"导入画面中，如图5-18所示。

5 选中图片，选择工具箱中的"裁剪工具"，在图片上按住鼠标左键拖动，绘制裁剪框，单击"裁剪"按钮

图5-18

即可裁去多余部分，如图5-19所示。

图5-19

6 制作页面左上角的箭头图形。使用工具箱中的"矩形工具"，在画面左上角位置按住鼠标左键拖动，绘制一个矩形，并去除其轮廓色，将其填充为白色，如图5-20所示。

图5-20

7 继续使用工具箱中的"矩形工具"，绘制一个矩形，在属性栏中设置"旋转角度"为45.0°，并去除其轮廓色，将其填充为白色，如图5-21所示。

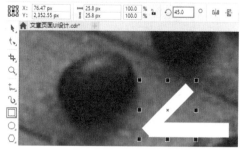

图5-21

8 选中刚才绘制的矩形，按住鼠标左键向下拖动，至合适位置时单击鼠标右键，将其复制一份，接着单击属性栏中的"垂直镜像"按钮，将其镜像，并调整至合适的位置，如图5-22所示。

9 制作右上角菜单按钮。使用工具箱中的"矩形工具"，在画面右侧按住鼠标左键拖动，绘制一个矩形，并去除其轮廓色，将其填充为白色，如图5-23所示。

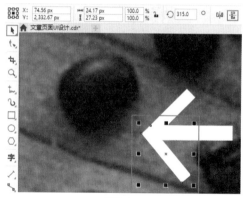

图5-22

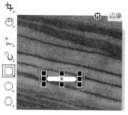

图5-23

10 选择该矩形，按住Shift键将其向下拖动，至合适位置时单击鼠标右键，即可将其移动并复制一份，如图5-24所示。

图5-24

11 使用Ctrl+D组合键将其以相同的距离进行移动复制，如图5-25所示。

图5-25

12 选择工具箱中的"文本工具"，在咖啡杯的左侧单击插入光标，接着在属性栏中设置合适的字体与字号，然后输入文字，如图5-26所示。

图5-26

⑬ 使用工具箱中的"文本工具"选中该文字，执行"窗口"|"泊坞窗"|"文本"命令，打开"文本"泊坞窗，设置"字距调整范围"为-20%，如图5-27所示。

图5-27

⑭ 继续使用同样的方法在该文字的下方输入新的文字，如图5-28所示。

图5-28

⑮ 选择工具箱中的"钢笔工具"，在画面中绘制一个类似"眼睛"的图形，更改其轮廓色为白色，并在属性栏中设置其"轮廓宽度"为0.5pt，如图5-29所示。

⑯ 选择工具箱中的"椭圆形工具"，在眼睛图形内按住Ctrl键拖动，绘制一个正圆，更改其轮廓色为白色，并在属性栏中设置"轮廓宽度"为0.5pt，如图5-30所示。

⑰ 继续使用工具箱中的"文本工具"，在下方位置添加文字，如图5-31所示。

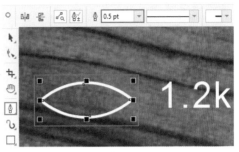

图5-29

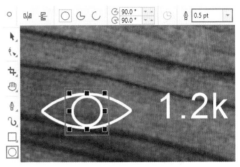

图5-30

图5-31

⑱ 在该文字的下方，按住鼠标左键拖动，绘制一个文本框，输入文字，如图5-32所示。

图5-32

⑲ 选中该段落文本，在打开的"文本"泊坞窗中单击"段落"按钮，设置"行间距"为120.0%，"段前间距"是133.0%，"段后间距"为4.0%，如图5-33所示。

图5-33

⑳ 此时画面效果如图5-34所示。

图5-34

㉑ 选择工具箱中的"椭圆形工具"，在画面底端按住Ctrl键拖动，绘制一个正圆，并去除其轮廓色，为其填充灰绿色，如图5-35所示。

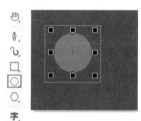

图5-35

㉒ 选中正圆，按住Shift键的同时按住鼠标左键将其向右拖动，至合适位置时单击鼠标右键，即可将其平移并复制一份，如图5-36所示。

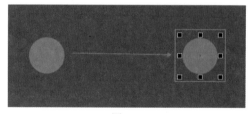

图5-36

㉓ 选中右侧的正圆，将其颜色更改为洋红色，如图5-37所示。

图5-37

㉔ 选择工具箱中的"钢笔工具"，在灰绿色正圆上绘制一个心形图形，更改其轮廓色为白色，并在属性栏中设置"轮廓宽度"为0.75pt，如图5-38所示。

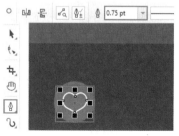

图5-38

㉕ 继续使用工具箱中的"钢笔工具"，在洋红色正圆上以单击的方式绘制一个对话框图形，更改其轮廓色为白色，并在属性栏中设置"轮廓宽度"为0.75pt，如图5-39所示。

㉖ 选择工具箱中的"矩形工具"，在画面中按住鼠标左键拖动，绘制一个矩形，去除其轮廓色，将其填充为白色，如图5-40所示。

㉗ 选中该矩形，使用Ctrl+C组合键进行复制，使用Ctrl+V组合键进行粘贴，在属性栏中设置"旋转角度"为90.0°，如图5-41所示。

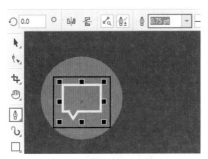

图5-39

图5-40

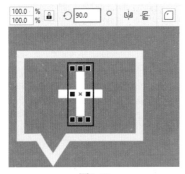

图5-41

28 选择工具箱中的"矩形工具",在属性栏中设置"圆角半径"为7px,在画面底端按住鼠标左键拖动,绘制一个圆角矩形,并去除其轮廓色,为其填充灰绿色,如图5-42所示。

图5-42

29 此时平面图制作完成,效果如图5-43所示。

图5-43

2. 制作页面展示效果

1 选择工具箱中的"矩形工具",在画面中按住鼠标左键拖动,绘制一个矩形,去除其轮廓色,为其填充深绿色,如图5-44所示。

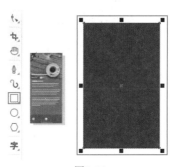

图5-44

2 选择工具箱中的"文本工具",在矩形的左上角单击插入光标,接着在属性栏中设置合适的字体与字号,然后输入文字,并更改文字的颜色为白色,如图5-45所示。

图5-45

❸ 继续使用同样的方法制作另一行文字，如图5-46所示。

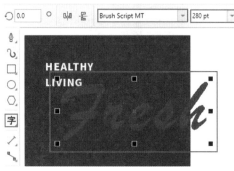

图5-46

❹ 选中该文字，按住鼠标左键向左下方拖动，至合适位置时单击鼠标右键，将其复制一份，如图5-47所示。

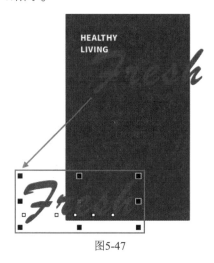

图5-47

❺ 使用工具箱中的"文本工具"，在左下方按住鼠标左键拖动将其选中，然后更改文字内容，如图5-48所示。

图5-48

❻ 选择工具箱中的"2点线工具"，在右上方文字下方按住Shift键拖动鼠标，绘制一条直线，更

改其轮廓色为白色，并在属性栏中设置"轮廓宽度"为0.5pt，如图5-49所示。

图5-49

❼ 使用工具箱中的"文本工具"，输入文字，并更改文字的颜色为白色，如图5-50所示。

图5-50

❽ 选中文字，在属性栏中设置"旋转角度"为90.0°，并将其摆放在直线的下方，如图5-51所示。

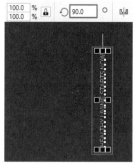

图5-51

❾ 选中工具箱中的"矩形工具"，在画面中的合适位置绘制一个矩形，在属性栏中设置"旋转角度"为45.0°，如图5-52所示。

❿ 选中矩形，去除其轮廓色，选择工具箱中的"交互式填充工具"，在属性栏中单击"渐变填充"按钮与"线性渐变填充"按钮，接着更改节点颜色，颜色设置完成后可以在矩形上方按住鼠标左键拖动，调整渐变角度，如图5-53所示。

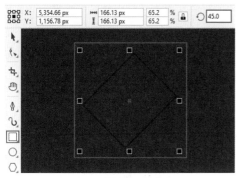

图5-52

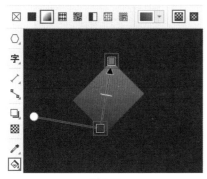

图5-53

⑪ 选中该矩形,执行"效果"|"模糊"|"高斯模糊"命令,在打开的"高斯式模糊"对话框中设置"半径"为1.5像素,单击OK按钮,如图5-54所示。

图5-54

⑫ 此时画面效果如图5-55所示。

图5-55

⑬ 继续使用同样的方法制作另外一个矩形,如图5-56所示。

图5-56

⑭ 选择工具箱中的"矩形工具",在属性栏中设置"圆角半径"为150.0px,在画面中间位置按住鼠标左键拖动,绘制一个圆角矩形,去除其轮廓色,为其填充白色,如图5-57所示。

图5-57

⑮ 选中制作好的页面平面图,使用Ctrl+G组合键进行组合,将其移动至白色矩形上,如图5-58所示。

图5-58

⑯ 选中平面图,执行"对象"|"顺序"|"向后

一层"命令，将其放置在白色圆角矩形的后方，如图5-59所示。

图5-59

⓱ 选中平面图，执行"对象"|PowerClip|"置于图文框内部"命令，将光标移动至白色圆角矩形上单击，将其置入圆角矩形内，隐藏多余部分，如图5-60所示。

图5-60

⓲ 此时画面效果如图5-61所示。

图5-61

⓳ 选择工具箱中的"阴影工具"，在圆角矩形

上按住鼠标左键拖动，为其添加阴影，并在属性栏中设置"阴影颜色"为黑色，"阴影不透明度"为50，"阴影羽化"为20，如图5-62所示。

图5-62

⓴ 选中全部效果图，选择工具箱中的"裁剪工具"，在画面中按住鼠标左键拖动，绘制裁剪框，然后单击"裁剪"按钮，如图5-63所示。

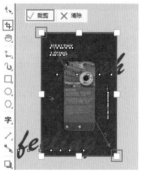

图5-63

㉑ 此时本案例制作完成，效果如图5-64所示。

图5-64

5.2.2 实例：游戏选关页面

设计思路

案例类型：

本案例为休闲游戏App中游戏选关页面设计项目，如图5-65所示。

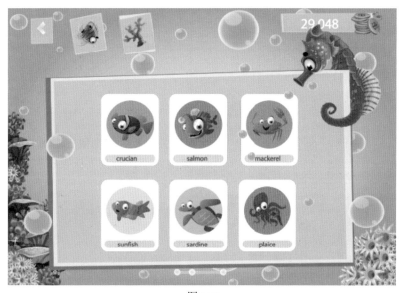

图5-65

项目诉求：

当游戏通过某个关卡后会弹出窗口，在窗口中会显示新的选项以供用户选择。要求选关页面与游戏的整体风格相匹配，以保持一致性和连贯性。同时该页面应具有良好的视觉效果和友好的UI设计，使其外观吸引人，易于理解和使用。

设计定位：

为了配合游戏整体风格，选关页面需要保持轻松感和趣味感。整个版面的色调应该统一，且使用海洋主题的卡通元素来装饰页面，能够自然而然地引导用户流畅且正确地使用系统。

配色方案

该页面模拟了海底的场景，主色调为浅蓝色，搭配气泡、珊瑚等海洋元素，营造出代入感极强的氛围。辅助色使用白色，且每个选项的背景都是白色，以突出重点并具有统一性。橙色的

海马作为固定元素出现，橙色与蓝色形成冷暖对比的同时也会产生远近的对比。画面中点缀了很多颜色，但每个点缀色所占面积都很小，因此画面色彩丰富且不显凌乱，如图5-66所示。

图5-66

版面构图

为了提高用户的体验和操作便利性，游戏页面的设计应该易于使用和导航，让用户能够快速找到所需要的选项。在当前页面中，设计者将大面积区域留给了核心的"选项"功能，使用较大的单色图形将该区域从画面中分离出来，并以卡片的形式逐一展现，方便用户进行选择。此外，其他一些功能按钮则被放置在页面的顶部，这样也符合用户的操作习惯，如图5-67所示。

图5-67

本案例制作流程如图5-68所示。

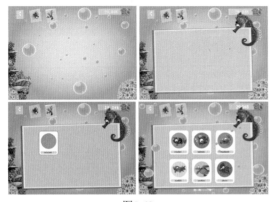

图5-68

技术要点

● 使用"交互式填充工具"为图形添加渐变色。
● 使用"钢笔工具"在画面中绘制多种不规则图形。

操作步骤

1. 制作页面背景

❶ 执行"文件"|"新建"命令，创建一个空白文档，如图5-69所示。

图5-69

❷ 执行"文件"|"导入"命令，在打开的"导入"对话框中选择背景素材"1.png"，然后单击"导入"按钮，如图5-70所示。

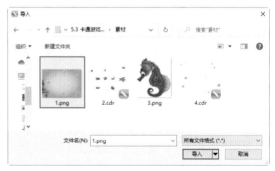

图5-70

❸ 在画板中按住鼠标左键拖动，控制导入对象的大小，释放鼠标完成导入操作，如图5-71所示。

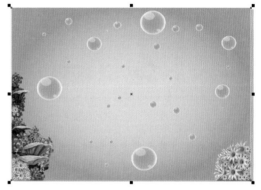

图5-71

❹ 选择工具箱中的"钢笔工具"，在画面左上角绘制一个四边形，如图5-72所示。

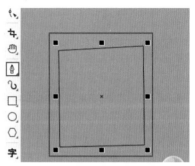

图5-72

❺ 在调色板中右击"无"按钮，去除其轮廓色，然后左击淡蓝色，为四边形填充颜色，如图5-73所示。

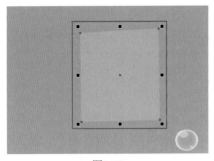

图5-73

6 选中四边形，选择工具箱中的"透明度工具"，在属性栏中设置透明度的类型为"均匀透明度"，设置"透明度"为70，如图5-74所示。

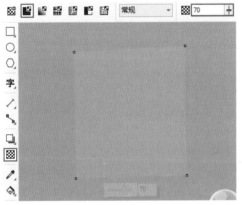

图5-74

7 继续使用工具箱中的"钢笔工具"，在四边形上方绘制一个稍小的四边形，并为其填充淡蓝色，如图5-75所示。

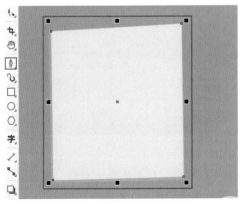

图5-75

8 继续使用工具箱中的"钢笔工具"，在其上方再次绘制一个稍小的浅蓝色四边形，从而制作出三层叠加的效果，如图5-76所示。

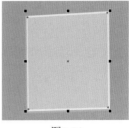

图5-76

9 继续使用同样的方法在其右侧绘制其他重叠的四边形，如图5-77所示。

图5-77

10 制作返回按钮。继续使用工具箱中的"钢笔工具"，在第一个四边形上方绘制一个不规则图形，如图5-78所示。

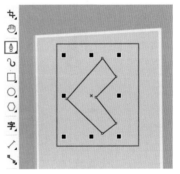

图5-78

11 选择工具箱中的"交互式填充工具"，单击属性栏中的"渐变填充"按钮，设置渐变类型为"椭圆形渐变填充"，然后编辑一个黄色系的渐变颜色，如图5-79所示。

图5-79

⓬ 在调色板中右击"无"按钮，去除其轮廓色，如图5-80所示。

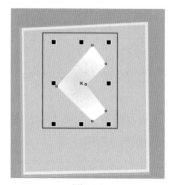

图5-80

⓭ 执行"文件"|"打开"命令，在打开的"打开绘图"对话框中选择素材"2.cdr"，然后单击"打开"按钮，如图5-81所示。

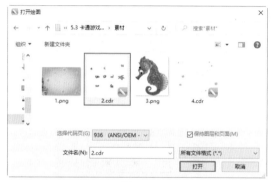

图5-81

⓮ 在打开的素材中，选中黄色的小鱼，使用Ctrl+C组合键进行复制，接着返回刚刚操作的文档中，使用Ctrl+V组合键进行粘贴，并将其移动到四边形上方位置，如图5-82所示。

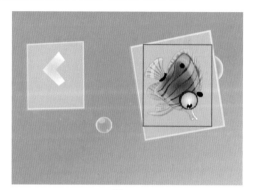

图5-82

⓯ 继续在打开的素材中复制"珊瑚"素材和

"金币"素材，将其粘贴到操作的文档中，并移动到不同的四边形上方，如图5-83所示。

图5-83

⓰ 选择工具箱中的"文本工具"，在"金币"素材左侧单击鼠标左键，建立文字输入的起始点，在属性栏中设置合适的字体与字号，然后在画面中输入相应的文字，如图5-84所示。

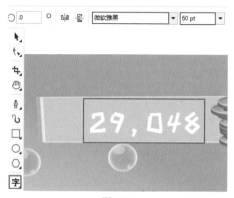

图5-84

2.制作游戏选关模块

❶ 选择工具箱中的"钢笔工具"，在画面中心绘制一个四边形，如图5-85所示。

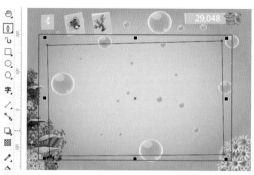

图5-85

❷ 选中四边形，在调色板中右击"无"按钮，去除其轮廓色，然后左击海绿色，为四边形填充颜色，如图5-86所示。

❸ 继续使用工具箱中的"钢笔工具"，在画面上方再次绘制一个稍小的青色四边形，如图5-87所示。

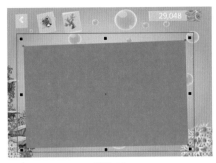

图5-86

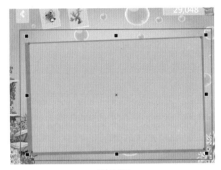

图5-87

4 继续使用同样的方法在其上方绘制一个稍小的淡蓝色四边形,如图5-88所示。

图5-88

5 继续在其上方绘制一个稍小的冰蓝色四边形,如图5-89所示。

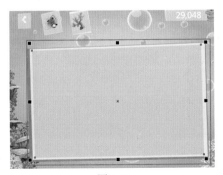

图5-89

6 执行"文件"|"导入"命令,在弹出的"导入"对话框中选择要导入的海马素材"3.png",然后单击"导入"按钮,如图5-90所示。

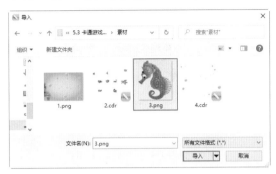

图5-90

7 在画面的右上方按住鼠标左键拖动,调整导入对象的大小,释放鼠标完成导入操作,如图5-91所示。

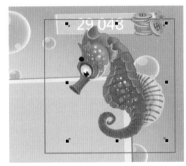

图5-91

8 选择工具箱中的"橡皮擦工具",在属性栏中设置"笔尖形状"为方形笔尖,"橡皮擦厚度"为10.0mm,然后在海马肚子位置按住鼠标左键拖动,显现出四边形形状,如图5-92所示。

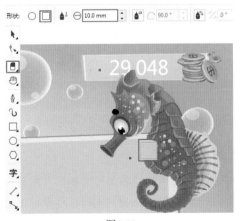

图5-92

❾ 继续擦除，使得四边形尖角部分全部显现出来，如图5-93所示。

图5-93

❿ 选择工具箱中的"矩形工具"，在画面上方绘制一个矩形。选中该矩形，在属性栏中单击"圆角"按钮，设置"圆角半径"为10.0mm，"轮廓宽度"为0.5mm，如图5-94所示。

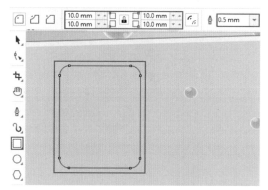

图5-94

⓫ 在调色板中左击白色，为圆角矩形填充颜色，如图5-95所示。

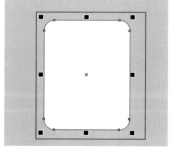

图5-95

⓬ 选择工具箱中的"椭圆形工具"，在第一个圆角矩形上方按住Ctrl键的同时按住鼠标左键拖动，绘制一个正圆，如图5-96所示。

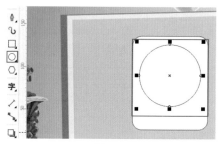

图5-96

⓭ 在调色板中右击"无"按钮，去除其轮廓色，然后左击蓝色，为正圆填充颜色，如图5-97所示。

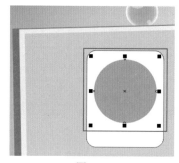

图5-97

⓮ 选择工具箱中的"矩形工具"，在画面上方绘制一个矩形。选中该矩形，在属性栏中单击"圆角"按钮，设置"圆角半径"为8.0mm，如图5-98所示。

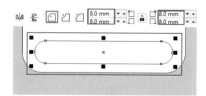

图5-98

⓯ 在调色板中右击"无"按钮，去除其轮廓色，然后左击淡紫色色块，为其填充颜色，如图5-99所示。

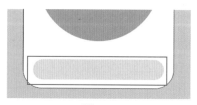

图5-99

⓰ 选择工具箱中的"文本工具"，在第一个淡

紫色圆角矩形上方单击鼠标左键，建立文字输入的起始点，在属性栏中设置合适的字体与字号，在画面中输入相应的文字，然后在调色板中设置"文字颜色"为深紫色，如图5-100所示。

图5-100

⓱ 复制这四部分，并更改各部分颜色和文字内容，如图5-101所示。

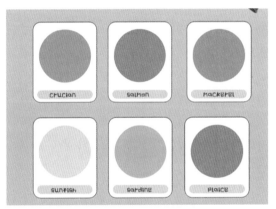

图5-101

⓲ 再次打开素材"2.cdr"，然后将合适的卡通素材复制到正圆上方，并适当调整其位置，如图5-102所示。

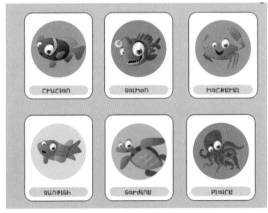

图5-102

⓳ 执行"文件"|"打开"命令，在打开的"打开绘图"对话框中选择素材"4.cdr"，然后单击"打开"按钮，如图5-103所示。

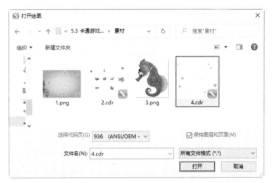

图5-103

⓴ 在打开的素材中，选中所有气泡，使用Ctrl+C组合键进行复制，接着返回刚刚操作的文档中，使用Ctrl+V组合键进行粘贴，并拖动控制点调整其大小，如图5-104所示。

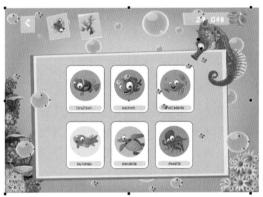

图5-104

㉑ 制作轮播模块。选择工具箱中的"钢笔工具"，在画面下方绘制一个四边形，如图5-105所示。

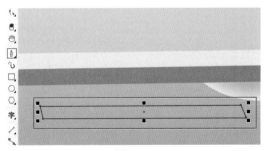

图5-105

㉒ 在调色板中右击"无"按钮，去除其轮廓

色，然后左击淡蓝色色块，为四边形填充颜色，如图5-106所示。

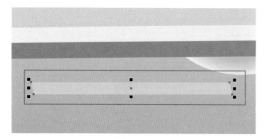

图5-106

23 选择工具箱中的"椭圆形工具"，在四边形左侧按住Ctrl键的同时按住鼠标左键拖动，绘制一个正圆，如图5-107所示。

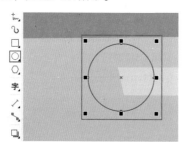

图5-107

24 选择工具箱中的"交互式填充工具"，在属性栏中单击"渐变填充"按钮，设置渐变类型为"椭圆形渐变填充"，接着编辑一个黄色系的渐变颜色，然后在调色板中右击"无"按钮，去除其轮廓色，如图5-108所示。

25 将该正圆复制并粘贴到四边形右侧，如图5-109所示。

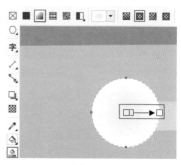

图5-108

图5-109

26 此时卡通游戏选关页面制作完成，效果如图5-110所示。

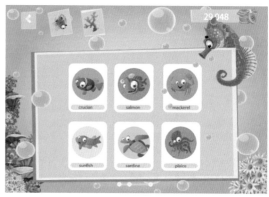

图5-110

包装设计

· 本章概述 ·

　　包装设计是立体领域的设计项目。与标志设计、海报设计等依附于平面的设计项目不同，包装设计需要创造出的是有材质、体感、重量的"外壳"。产品包装必须根据产品的外形、特性采用相应的材料进行设计。本章主要从认识包装、包装的常见形式、包装设计的常用材料等方面来介绍包装设计。

包装设计概述

6.1.1 认识包装

产品包装设计就是对产品的包装造型、所用材料、印刷工艺等方面进行的设计，是针对产品整体构造形成的创造性构思过程。产品包装设计是产品、流通和塑造良好企业形象的重要媒介。现代产品包装不仅仅是一个承载产品的容器，更是合理生活方式的一种体现。因此，对于产品包装设计不应仅仅局限于外观和形式，更应注重两者的结合以及其个性化的设计营造出的良好感官体验，以促进产品的销售，增加产品的附加价值，如图6-1所示。

图6-1

产品包装就是用来盛放产品的器物。包装即包裹、装饰。它不仅承载了产品本身，而且更多的是具有保护产品、传达产品信息、促进消费等内在意义。它主要是以保护产品、方便消费者使用、促进销售为主要目的。产品包装按形状分类有小包装、中包装、大包装，如图6-2所示。

小包装是与产品直接接触的包装，也称为个体包装或内包装。中包装是为了方便计数而对商品进行组装或套装。大包装是最外层的包装，也称为外包装、运输包等。

图6-2

6.1.2 包装的常见形式

产品包装形式多种多样，其常见形式有盒类包装、袋类包装、瓶类包装、罐类包装、坛类包装、管类包装、包装筐和其他包装等。

盒类包装：包括木盒、纸盒、皮盒等多种类型，应用范围广，如图6-3所示。

图6-3

袋类包装：包括塑料袋、纸袋、布袋等各种类型，应用范围广。袋包装重量轻，强度高，耐腐蚀，如图6-4所示。

图6-4

瓶类包装：包括玻璃瓶、塑料瓶、普通瓶等多种类型，较多应用于液体产品，如图6-5所示。

图6-5

罐类包装：包括铁罐、玻璃罐、铝罐等多种类型。罐类包装刚性好、不易破损，如图6-6所示。

图6-6

坛类包装：多用于酒类、腌制品类，如图6-7所示。

图6-7

管类包装：包括软管、复合软管、塑料软管等类型，常用于盛放凝胶状液体，如图6-8所示。

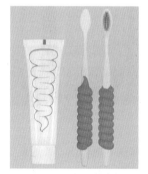

图6-8

包装筐：多用于盛放数量较多的产品，如瓶酒、饮料类，如图6-9所示。

图6-9

其他包装： 包括托盘、纸标签、瓶封等多种类型，如图6-10所示。

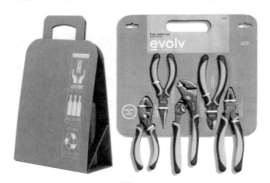

图6-10

6.1.3 包装设计的常用材料

包装的材料种类繁多，不同的产品考虑其运输过程与展示效果，所用材料也不一样。在进行包装设计的过程中必须从整体出发，了解产品的属性并采用适合的包装材料及容器形态等。产品包装的常用材料有纸包装、塑料包装、金属包装、玻璃包装和陶瓷包装。

纸包装： 纸包装是一种轻薄、环保的包装。常见的纸类包装有牛皮纸、玻璃纸、蜡纸、有光纸、过滤纸、白板纸、胶版纸、铜版纸、瓦楞纸等多种类型。纸包装应用广泛，具有成本低、便于印刷和批量生产的优势，如图6-11所示。

图6-11

塑料包装： 用各种塑料加工制作的包装材料。其有塑料薄膜、塑料容器等类型。塑料包装具有强度高、防滑性能好、防腐性强等优点，如图6-12所示。

图6-12

　　金属包装：有马口铁皮、铝、铝箔、无锡镀铬铁皮等类型。金属包装具有耐蚀性、防菌、防霉、防潮、牢固、抗压等特点，如图6-13所示。

图6-13

　　玻璃包装：具有无毒、无味、清澈性等特点。但其最大的缺点是易碎，且重量相对过重。玻璃包装包括食品用瓶、化妆品瓶、药品瓶、碳酸饮料瓶等多种类型，如图6-14所示。

图6-14

　　陶瓷包装：是一个极富艺术性的包装容器。瓷器釉瓷有高级釉瓷和普通釉瓷两种。陶瓷包装具有耐火、耐热、坚固等优点。但其与玻璃包装一样，易碎，且有一定的重量，如图6-15所示。

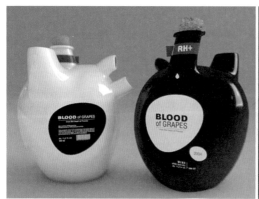

图6-15

6.2 包装设计实战

6.2.1 实例：水果软糖包装

设计思路

案例类型：

本案例为水果软糖包装设计项目，如图6-16所示。

图6-16

项目诉求：

这是一款即食型的水果软糖，其特色在于原材料取材于有机种植的水果，无任何添加剂，美味又健康。包装设计应突出产品口味，并传达健康、美味、天然的特点。

设计定位：

本案例是一款柠檬味的水果软糖。在主图上使用柠檬图案，突出产品的口味特点。使用大字号的卡通标志文字和不规则的图形轮廓，既为包装增添趣味性，同时又吸引目标用户的注意力。

配色方案

提到柠檬味软糖，首先想到的就是柠檬的色彩，常见的柠檬有黄色、绿色。因此本案例将黄色作为主色，再结合少量绿色。通过视觉与味觉的通感，营造出一种酸酸甜甜的氛围。

选择柠檬外皮的黄色作为主色，简单直接地阐明软糖的口味，这种颜色具有欢快、活泼的色彩特征。大面积的黄色呈现在画面中，不仅容易使人产生审美疲劳，更容易使人产生焦躁之感，因此选择使用从绿色柠檬中提取出的深绿色作为辅助色。明度较低的深绿色与高明度的黄色形成对比，既可以缓解受众视觉疲劳，同时又能够凸显酸酸甜甜的口感。运用白色作为点缀色，可以很好地缓解与主色对比的刺激感，同时为画面提供一些"呼吸"的空间，如图6-17所示。

多。这里采取了简单明确的分区方式，产品名称和主图分别布置在上部和下部。另外，也可以尝试横向构图，以产品名称作为版面主体，水果及其他装饰元素环绕在其四周，如图6-18所示。

图6-17

版面构图

本案例包装正面为竖向矩形，版面的长度与宽度差别较大，可供选择的构图方式并不是很

图6-18

本案例制作流程如图6-19所示。

图6-19

技术要点

● 使用"透明度工具"设置图片的合并模式，将其融入背景中。

● 使用PowerClip调整图片的显示范围。

操作步骤

1. 制作平面图的中间部分

❶ 执行"文件"|"新建"命令，新建一个"宽度"为200.0mm，"高度"为240.0mm的空白文档，如图6-20所示。

❷ 为了便于操作，也可以创建两条辅助线，将版面分为左、中、右三部分，首先制作平面图中间部分的内容，如图6-21所示。

❸ 选择工具箱中的"矩形工具"，在画面的中间按住鼠标左键拖动，绘制一个矩形，接着将矩

形填充为黄色，并右击"无"按钮，去除其轮廓色，如图6-22所示。

❹ 绘制不规则图形。使用工具箱中的"钢笔工具"，在画面上方的中间位置绘制一个不规则的形状，并将其填充为绿色，去除其轮廓色，如图6-23所示。

图6-20

图6-21

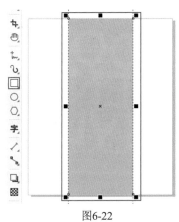

图6-22

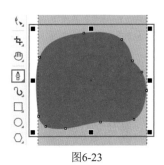

图6-23

5 执行"文件"|"导入"命令，将素材
"2.png"导入画面中，如图6-24所示。

图6-24

6 选中该素材，单击"水平镜像"按钮将其进行翻转，接着双击该柠檬素材，调出旋转框，按住鼠标左键拖动将其旋转至合适角度，如图6-25所示。

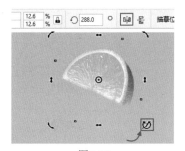

图6-25

7 选中该素材，按住鼠标左键将其向右拖动，至合适位置时单击鼠标右键，将其快速复制一份，如图6-26所示。

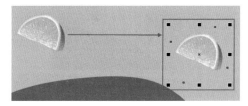

图6-26

8 双击复制的图形，将其旋转至合适角度，如图6-27所示。

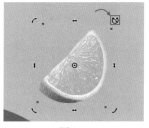

图6-27

9 多次复制青柠檬，更改其大小并摆放到画面的合适位置，如图6-28所示。

10 执行"文件"|"导入"命令，导入素材"1.png"，如图6-29所示。

11 选择工具箱中的"钢笔工具"，在绿色形状上方绘制图形，并将其填充为白色，去除其轮廓色，如图6-30所示。

12 继续使用工具箱中的"钢笔工具"，在画面其他位置绘制白色图形，如图6-31所示。

图6-28

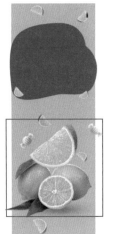
图6-29

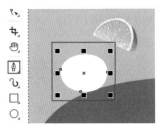
图6-30

图6-31

⓭ 选择工具箱中的"文本工具",在画面中绿色形状上方单击,在属性栏中设置合适的字体与字号,输入文字,并将其颜色更改为白色,如图6-32所示。

⓮ 使用工具箱中的"选择工具",单击两次文字,调出旋转框,按住鼠标左键拖动,调整其旋转角度,如图6-33所示。

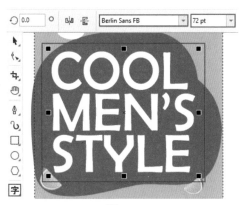
图6-32

图6-33

⓯ 继续使用工具箱中的"文本工具",在画面中的其他白色形状上输入文字。此时包装袋平面图的中间部分制作完成,效果如图6-34所示。

图6-34

2. 制作平面图的左侧部分

❶ 选择工具箱中的"矩形工具",在左侧按住

鼠标左键拖动，绘制一个黄色的矩形，去除其轮廓色，如图6-35所示。

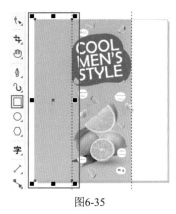

图6-35

❷ 继续使用工具箱中的"矩形工具"，在黄色矩形上绘制一个白色矩形，如图6-36所示。

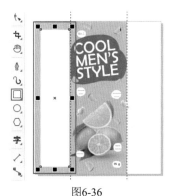

图6-36

❸ 继续使用工具箱中的"矩形工具"，在左侧矩形内的合适位置绘制一个矩形边框，更改其轮廓色为黄色，并在属性栏中设置其"轮廓宽度"为0.1mm，如图6-37所示。

图6-37

❹ 选择工具箱中的"2点线工具"，在画面中左侧矩形内绘制一条直线(按住Shift键的同时绘制，可以方便得到垂直的线条)，更改其轮廓色为黄色，并在属性栏中设置其"轮廓宽度"为0.2mm，如图6-38所示。

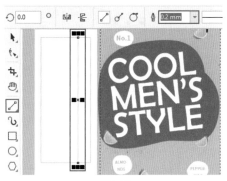

图6-38

❺ 继续使用同样的方法绘制其他直线，如图6-39所示。

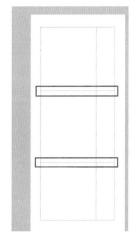

图6-39

❻ 在表格中添加文字。使用工具箱中的"文本工具"，在画面中单击，接着在属性栏中设置合适的字体与字号，然后输入文字内容，并将字体颜色更改为灰绿色，如图6-40所示。

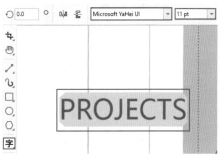

图6-40

7 选中文字，单击属性栏中的"将文本改为垂直方向"按钮，如图6-41所示。

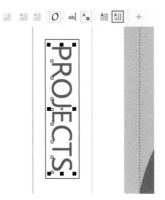

图6-41

8 继续使用同样的方法在矩形内其他位置输入其他文字，并调整文字方向，如图6-42所示。

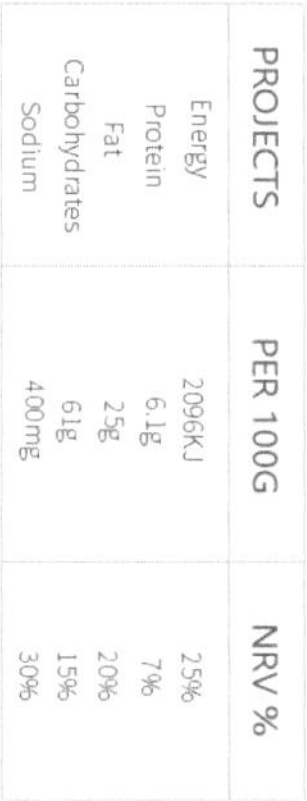

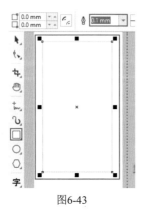

图6-42

9 选择工具箱中的"矩形工具"，在左侧表格的下方绘制一个矩形，更改其轮廓色为黄色，并在属性栏中设置其"轮廓宽度"为0.1mm，如图6-43所示。

图6-43

10 选择工具箱中的"2点线工具"，在画面中的左侧矩形内按住Shift键绘制一条直线，更改其轮廓色为黄色，并在属性栏中设置其"轮廓宽度"为0.2mm，如图6-44所示。

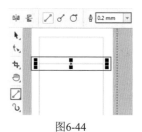

图6-44

11 使用工具箱中的"文本工具"，在矩形内添加文字，并更改文字的排列方向，如图6-45所示。

图6-45

12 执行"文件"|"导入"命令，将素材"3.png"导入画面，如图6-46所示。

图6-46

13 选中左侧所有图形，多次使用Ctrl+PgDn组合键将其向后一层，放在中间黄色矩形的下方。此时平面图的左侧部分制作完成，效果如图6-47所示。

图6-47

3. 制作平面图的右侧部分

1 选择工具箱中的"矩形工具"，在画面右侧按住鼠标左键拖动，绘制一个黄色的矩形，并去除其轮廓色，如图6-48所示。

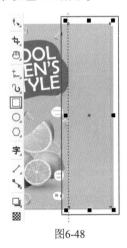

图6-48

2 在黄色矩形上绘制一个白色矩形，如图6-49所示。

图6-49

3 制作表格。继续使用工具箱中的"矩形工具"，在右侧白色矩形上的合适位置绘制一个矩形边框，更改其轮廓色为黄色，并在属性栏中设置其"轮廓宽度"为0.1mm，如图6-50所示。

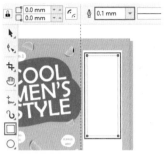

图6-50

4 选择工具箱中的"2点线工具"，在黄色矩形内绘制一条直线，更改其轮廓色为灰色，并在属性栏中设置其"轮廓宽度"为0.2mm，如图6-51所示。

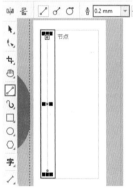

图6-51

5 选中该直线，按住Shift键的同时按住鼠标左键将其向右拖动，至合适位置时单击鼠标右键，将其快速复制一份，如图6-52所示。

图6-52

6 使用工具箱中的"文本工具"，在画面中按住鼠标左键拖动，绘制一个文本框，在属性栏中设置合适的字体与字号，接着输入文字，如图6-53所示。

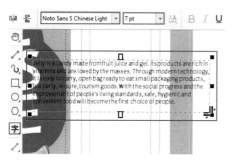

图6-53

7 选中文本框，在属性栏中将"旋转角度"设置为270.0°，如图6-54所示。

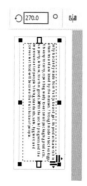

图6-54

8 选中黄色矩形与其内的所有元素，按住Shift键的同时按住鼠标左键将其向下拖动，至合适位置时单击鼠标右键，将其复制一份，如图6-55所示。

图6-55

9 选中右侧所有图形，多次使用Ctrl+PgDn组合

键将其向后一层，放在中间黄色矩形的下方。此时平面图的右侧部分制作完成，效果如图6-56所示。

图6-56

4.制作包装展示效果图

1 执行"文件"|"导入"命令，将素材"4.jpg"导入画面中，如图6-57所示。

图6-57

2 选中平面图的中间部分，按住鼠标左键将其拖动到空白位置，单击鼠标右键将其快速复制一份，如图6-58所示。

图6-58

❸ 执行"位图"|"转换为位图"命令，在打开的"转换为位图"对话框中进行设置后，单击OK按钮，如图6-59所示。

图6-59

❹ 选中该位图，将其移动至素材"4.jpg"左侧的包装上，按住鼠标左键拖动控制点，将其适当缩小，如图6-60所示。

图6-60

❺ 双击该位图，调出旋转框，按住鼠标左键拖动，将其旋转至合适角度，如图6-61所示。

图6-61

❻ 选择工具箱中的"透明度工具"，在属性栏中设置"合并模式"为"减少"，如图6-62所示。

❼ 选择工具箱中的"钢笔工具"，根据包装的形状在位图上方绘制一个相同的图形，如图6-63所示。

图6-62

图6-63

❽ 选中下方的平面图，执行"对象"|PowerClip|"置于图文框内部"命令，在前方的图形上单击，将其置于图形内，如图6-64所示。

图6-64

❾ 选中该图形，去除其轮廓色，如图6-65所示。

❿ 继续使用同样的方法制作右侧的包装，如图6-66所示。

图6-65

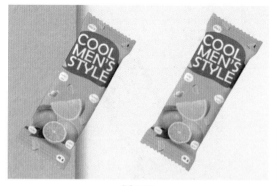

图6-66

⓫ 此时本案例制作完成，效果如图6-67所示。

图6-67

6.2.2 实例：电子产品包装

设计思路

案例类型：

本案例为鼠标的外包装盒设计项目，如图6-68所示。

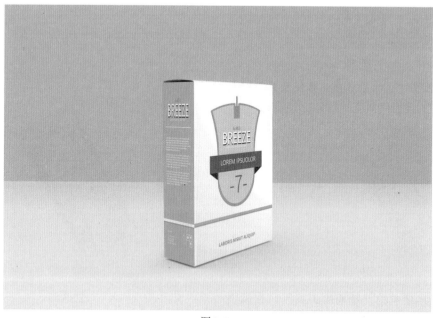

图6-68

项目诉求：

这款鼠标主要针对对产品性能有一定要求的用户群体，在同类产品市场中具有独特的优势。为了吸引目标受众的注意力并激发他们的购买欲望，在包装设计时需要突出产品的性能优势和特殊外观。

设计定位：

　　根据产品的特性，本案例的包装风格要倾向于科技感、简洁感。该产品的外形具有一定的特殊性，因此可以尝试将特殊的形态展现在包装上。这里将鼠标独特的形态以简单图形的形式呈现，作为产品标志及信息的承载图形。除此之外，使用了由线条组成的图案，这部分图案虽然简单，但是可以呈现三维空间的视觉效果。

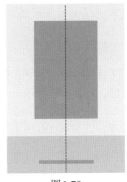

图6-70

本案例制作流程如图6-71所示。

配色方案

　　青色、蓝色等冷色调的色彩是科技类产品包装中常用的颜色，将其作为主色调可以营造出智慧感、科技感的视觉氛围。本案例的选色就集中在这几种冷色调的颜色中。

　　以纯度稍低一些的、比较接近蓝色的青色作为主色，这种颜色既具有蓝色的智慧感，又具有青色的自由感。除青色外，在主体图形上还使用了一种饱和度接近，但明度稍低一些的蓝色，这种蓝色极具理性感。将其以"绶带"状图形摆放在鼠标图形上，并配以产品信息文字，以展示产品的优势。有色彩与无色彩的搭配是一种非常和谐的颜色搭配方式，本案例选择了非常亮的浅灰色作为背景色，并选择中度灰色作为点缀色，使用在底部的简单图形中，如图6-69所示。

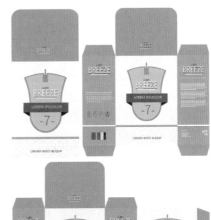

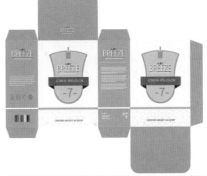

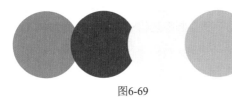

图6-69

版面构图

　　本案例采用了中轴型版式设计，将版面主体图形以中轴线为基准排布，版面整齐且清晰。本案例将产品的外形抽象成了简单的图形，如果小尺寸展示，则无法起到"夺人眼球"的作用，因此将该图形放大，并且作为产品名称及信息的承载背景，其也就自然成为了版面的视觉中心，如图6-70所示。

图6-71

技术要点

● 使用"变换"泊坞窗制作倾斜的四边形。

● 使用"透明度工具"将图片融入包装盒。

● 使用"透视点"命令制作带有透视的效果。

操作步骤

1. 制作包装平面图

❶ 执行"文件"|"新建"命令，新建一个大小合适的空白文档，如图6-72所示。

图6-72

❷ 选择工具箱中的"矩形工具"，在空白位置按住鼠标左键拖动，绘制一个矩形，去除其轮廓色，为其填充浅灰色，作为包装正面的底色，如图6-73所示。

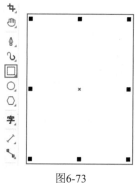

图6-73

❸ 选择工具箱中的"钢笔工具"，在浅灰色矩形上绘制鼠标外轮廓图形，并去除其轮廓色，将其填充为青色，如图6-74所示。

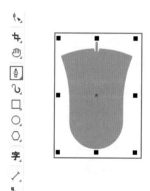

图6-74

❹ 继续使用工具箱中的"钢笔工具"，在已有青色图形上方继续绘制图形，并将其填充为浅一些的颜色，去除其轮廓色，如图6-75所示。

图6-75

❺ 在鼠标上方添加文字。选择工具箱中的"文本工具"，在画面中单击插入光标，在属性栏中设置合适的字体与字号，接着输入文字，如图6-76所示。

图6-76

❻ 在黑色文字选中状态下，使用Ctrl+C组合键进行复制，接着使用Ctrl+V组合键将文字进行原位粘贴。将复制得到的文字颜色更改为白色，并将其向上移动，将底部文字显示出来，如图6-77所示。

图6-77

❼ 继续使用工具箱中的"文本工具"，在标题文字上方和下方输入新的文字，并选中三组文字，使用Ctrl+G组合键进行组合，如图6-78所示。

图6-78

⑧ 选择工具箱中的"矩形工具"，在文字下方
按住鼠标左键拖动，绘制一个矩形，并去除其轮
廓色，将其填充为深青色，如图6-79所示。

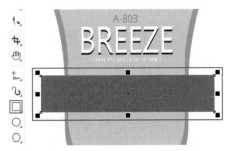

图6-79

⑨ 选择工具箱中的"钢笔工具"，在深青色矩
形左下方绘制一个三角形，去除其轮廓色，将其
填充为更深一些的深青色，如图6-80所示。

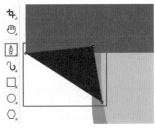

图6-80

⑩ 使用Ctrl+PgDn组合键调整图层顺序，将该
图形放在鼠标外轮廓图形后方位置，如图6-81
所示。

图6-81

⑪ 将该图形选中，按住鼠标左键将其向右拖
动，至合适位置时单击鼠标右键，将图形快速复
制一份，如图6-82所示。

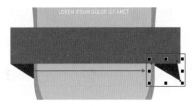

图6-82

⑫ 单击属性栏中的"水平镜像"按钮，将其翻
转，如图6-83所示。

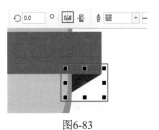

图6-83

⑬ 在深青色矩形上方添加文字。选择工具箱中
的"文本工具"，在深青色矩形上方单击插入光
标，在属性栏中设置合适的字体与字号，接着输
入文字，如图6-84所示。

图6-84

⑭ 继续使用工具箱中的"文本工具"，在矩形
下方位置添加文字，将其颜色更改为青色，如
图6-85所示。

图6-85

⓭ 选择工具箱中的"矩形工具"，在鼠标图形下方绘制一个细长的矩形作为分割线，并去除其轮廓色，为其填充青色，如图6-86所示。

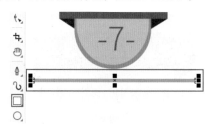

图6-86

⓰ 继续使用工具箱中的"矩形工具"，在已有细长矩形的下方再次绘制一个深青色矩形，如图6-87所示。

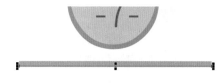

图6-87

⓱ 制作正面平面图底部的几何装饰图案。从案例效果中可以看出，该图案以六边形作为基本元素，通过不断的复制粘贴得到连续图案。因此，可以首先制作六边形。选择工具箱中的"矩形工具"，在文档空白位置绘制矩形，并在属性栏中设置其"轮廓色"为灰色，"轮廓宽度"为0.2mm，如图6-88所示。

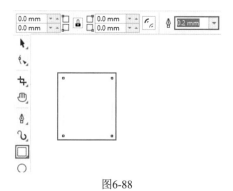

图6-88

⓲ 执行"窗口"|"泊坞窗"|"变换"命令，打开"变换"泊坞窗，单击"倾斜"按钮，设置Y为31.0，单击"应用"按钮，如图6-89所示。

⓳ 此时画面效果如图6-90所示。

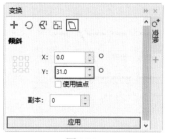

图6-89   图6-90

⓴ 选中该图形，将其复制一份，单击属性栏中的"水平镜像"按钮，将其左右翻转，并摆放至合适位置，如图6-91所示。

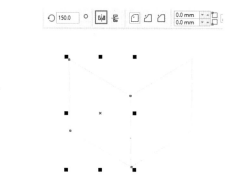

图6-91

㉑ 选择工具箱中的"钢笔工具"，在该图形上绘制一个四边形，并在属性栏中将轮廓色更改为浅灰色，"轮廓宽度"更改为0.2mm，如图6-92所示。

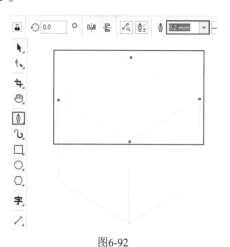

图6-92

㉒ 选中三个图形，使用Ctrl+G组合键进行组合，并按住鼠标左键将其向右拖动，至合适位置

时单击鼠标右键，将其快速复制一份，如图6-93所示。

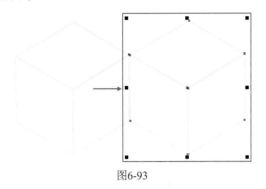

图6-93

23 多次使用Ctrl+D组合键复制该图形，如图6-94所示。

图6-94

24 选中该图形，使用Ctrl+G组合键进行编组，并按住鼠标左键将其向下拖动，至合适位置时单击鼠标右键，将其复制一份，如图6-95所示。

图6-95

25 继续使用同样的方法复制其他图形，并将六边形拼贴图案所有图形选中，使用Ctrl+G组合键进行编组，如图6-96所示。

图6-96

26 选中该图案，将其摆放在浅灰色矩形的下方，选择工具箱中的"裁剪工具"，在图案上按住鼠标左键拖动，绘制裁剪框，然后单击"裁剪"按钮，如图6-97所示。

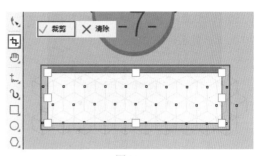

图6-97

27 选择工具箱中的"文本工具"，在几何图案的上方添加文字，如图6-98所示。

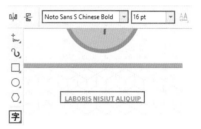

图6-98

28 此时包装的正面平面图制作完成，效果如图6-99所示。

图6-99

29 使用工具箱中的"矩形工具"，在正面平面图顶部绘制矩形，并去除其轮廓色，为其填充青色，如图6-100所示。

30 继续使用工具箱中的"矩形工具"，在已有矩形上方绘制一个相同颜色的矩形，并在属性栏中单击"同时编辑所有角"按钮，使其处于解锁的状态。设置左上方和右上方的"圆角半径"为

20.0mm，设置左下方和右下方的"圆角半径"为0.0mm，如图6-101所示。

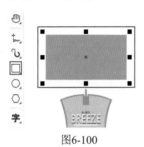

图6-100

图6-101

③ 将正面的标志文字复制一份，适当缩小后放在摇盖上方，如图6-102所示。

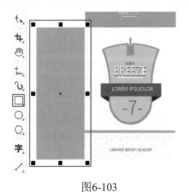

图6-102

② 选择工具箱中的"矩形工具"，在平面图正面的左侧按住鼠标左键拖动，绘制一个矩形，去除其轮廓色，为其填充青色，如图6-103所示。

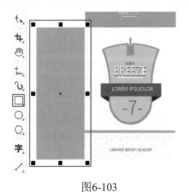

图6-103

③ 将标志复制一份，放在左侧矩形的上半部分，如图6-104所示。

图6-104

③ 选择工具箱中的"文本工具"，在标志下方按住鼠标左键拖动，绘制文本框，在属性栏中设置合适的字体与字号，并在文本框中输入文字，将文字的颜色更改为白色，如图6-105所示。

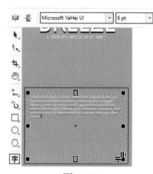

图6-105

③ 调整段落文字的行间距。选中段落文字，执行"窗口"|"泊坞窗"|"文本"命令，在打开的"文本"泊坞窗中单击"段落"按钮，设置"行间距"为156.0%，"段前间距"为100.0%。此时文字之间的行距被拉大，如图6-106所示。

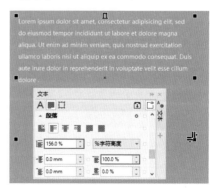

图6-106

㊱ 执行"文件"|"导入"命令,将素材"1.jpg"导入画面中,如图6-107所示。

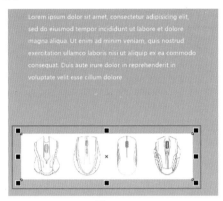

图6-107

㊲ 导入的素材带有白色背景,需要对其合并模式进行调整,使其与包装融为一体。将素材选中,选择工具箱中的"透明度工具",在属性栏中设置"合并模式"为"乘",如图6-108所示。

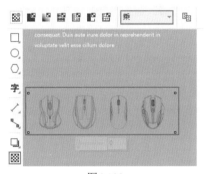

图6-108

㊳ 将正面平面图中的长条矩形复制一份,放在侧面平面图上,并对其长短以及填充颜色进行更改,如图6-109所示。

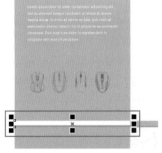

图6-109

㊴ 将条形码素材"2.png"导入,放在侧面平面图底部位置,如图6-110所示。

图6-110

㊵ 选择工具箱中的"钢笔工具",在最左侧矩形顶部位置绘制图形,去除其轮廓色,为其填充青色,如图6-111所示。

图6-111

㊶ 选中该图形,将其复制一份,单击属性栏中的"垂直镜像"按钮,如图6-112所示。

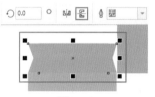

图6-112

㊷ 将复制得到的图形放在侧面平面图底部位置,如图6-113所示。

图6-113

43 将侧面的部分内容选中后复制一份，并移动至包装正面的右侧，如图6-114所示。

图6-114

44 在侧面平面图中添加文字。选择工具箱中的"文本工具"，在画面中按住鼠标左键拖动，绘制文本框，在属性栏中设置合适的字体与字号，接着输入文字，并将其颜色更改为白色，然后在打开的"文本"泊坞窗中设置"段前间距"为100.0%，如图6-115所示。

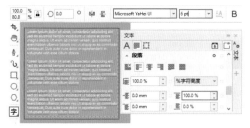

图6-115

45 在标志和段落文字之间添加分割线。选择工具箱中的"矩形工具"，在标志下方绘制一个长条矩形，去除其轮廓色，为其填充白色，如图6-116所示。

图6-116

46 选择工具箱中的"文本工具"，在画面的下方输入文字，如图6-117所示。

47 在侧面平面图右下角添加警示标识图案，首

先绘制呈现标识图案的矩形边框。选择工具箱中的"矩形工具"，按住鼠标左键拖动，绘制一个矩形，在属性栏中设置"轮廓色"为白色，"轮廓宽度"为0.25mm，如图6-118所示。

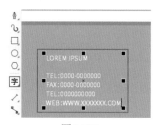

图6-117

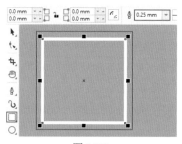

图6-118

48 将描边矩形复制两份，放在已有图形的右侧以及右下角位置，如图6-119所示。

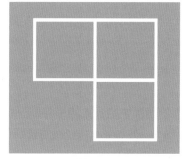

图6-119

49 将素材"3.cdr"打开，把标识图形选中，使用Ctrl+C组合键进行复制。接着返回当前操作文档，使用Ctrl+V组合键进行粘贴。在"选择工具"使用状态下，将标识图形适当缩小，并将其填充色更改为白色，将标识图形放在白色描边矩形内部，如图6-120所示。

50 此时包装的另外一个侧面平面图制作完成，效果如图6-121所示。

51 将平面图正面所有图形以及文字选中复制一份，放在画面的右侧，如图6-122所示。

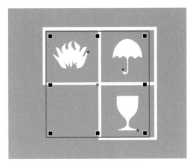

图6-120

图6-121

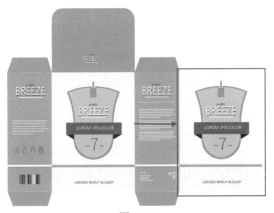

图6-122

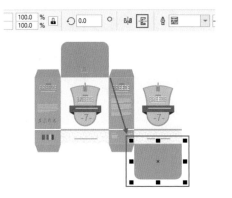

图6-123

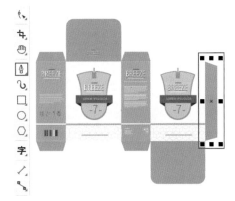

图6-124

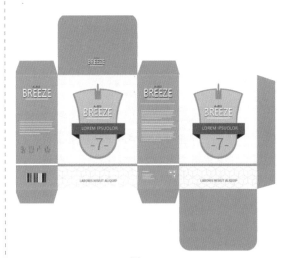

图6-125

52 将与包装正面连接的摇盖图形选中，并将其复制一份，单击"垂直镜像"按钮将其进行翻转，将复制得到的摇盖图形移动至另外一个正面平面图下方，如图6-123所示。

53 使用工具箱中的"钢笔工具"，在画面的最右侧绘制一个梯形，并去除其轮廓色，为其填充为青色，如图6-124所示。

54 此时包装的平面展开图制作完成，效果如图6-125所示。

2. 制作包装盒立体展示效果

1 执行"文件"|"导入"命令，将背景素材"4.jpg"导入画板中，如图6-126所示。

2 将包装正面图形全部选中，复制一份放在背景素材右侧位置，并将其适当放大，如图6-127所示。

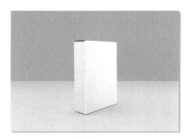

图6-126

图6-127

3 执行"位图"|"转换为位图"命令，在打开的"转换为位图"对话框中进行设置后，单击OK按钮，如图6-128所示。

图6-128

4 选中位图，单击工具箱中的"透明度工具"，在属性栏中单击"均匀透明度"按钮，设置"合并模式"为"如果更暗"，"透明度"为20，如图6-129所示。

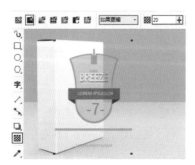

图6-129

5 执行"对象"|"透视点"|"添加透视"命令，调整控制点的位置，如图6-130所示。

6 继续使用同样的方法调整其他节点，如图6-131所示。

图6-130　　　　　　　图6-131

7 此时包装的正面效果图制作完成，如图6-132所示。

图6-132

8 继续使用同样的方法制作包装的侧面，此时本案例制作完成，效果如图6-133所示。

图6-133

第**7**章

书籍设计

·本章概述·

随着社会的不断发展,书籍的形式多种多样,现代书籍设计进入了多元化的发展时代。但无论社会如何发展,对于书籍设计的基本知识还是需要掌握的。本章主要从认识书籍、书籍设计的构成元素、书籍的常见装订形式等方面来介绍书籍设计。

7.1 书籍设计概述

7.1.1 认识书籍

　　书籍是一种将图形、文字、符号集合成册，用以传达著作人的思想、经验或者某些技能的载体，是储存和传播知识的重要工具。随着科学技术的发展，传播知识信息的方式越来越多，但书籍的作用仍然是无可替代的。一本好的书籍设计不仅仅是用来传播信息，还具有一定的收藏价值，如图7-1所示。

图7-1

　　杂志是以期、卷、号或年月为序定期或不定期出版的发行物。其内容涉及广泛，类似于报纸，但与报纸相比，杂志更具有审美性和丰富性，如图7-2所示。

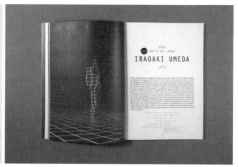

图7-2

　　虽然书籍设计与杂志设计都是通过记录进行信息传播的，但二者还是有明显的区别，下面来了解一下书籍与杂志的异同。

　　相同点在于：书籍与杂志都是用来记录和传播知识信息的载体。在装订形式上有很大的共同点，通常都会使用平装、精装、活页装、蝴蝶装等方式。且内容版式上也很相似，都是图形、文字、色彩的编排，风格依据主题而定。

　　不同点在于：杂志属于书籍的一种，杂志有固定的刊名，是定期或不定期连续出版的，其内容是将众多作者的作品汇集成册，涉及面较广，但使用周期较短；而书籍的内容更具专一性、详尽性，其发行间隔周期较长，且使用价值和收藏价值更高。

7.1.2 书籍设计的构成元素

书籍的构成部分很多，主要由封面、书脊、腰封、护封、函套、环衬、扉页、版权页、序言、目录、章节页、页码、页眉、页脚等部分组成。精装书的构成元素比平装书多一些，杂志的构成元素则相对要少一些。

封面：是包裹住书刊最外面的一层，在书籍设计中占有重要的地位，封面的设计在很大程度上决定了消费者是否会拿起该本书籍。封面主要包括书名、作者名、出版社名称等内容，如图7-3所示。

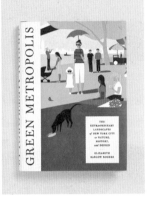

图7-3

书脊：是指书刊封面、封底连接的部分，相当于书芯厚度，如图7-4所示。

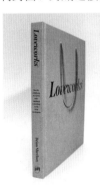

图7-4

腰封：是包裹在书籍封面上的一条腰带纸，不仅可以用来装饰和补充书籍的不足之处，还起到一定的引导作用，能够使消费者快速了解该书的主要内容和特点，如图7-5所示。

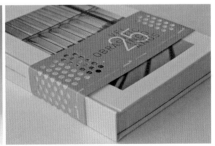

图7-5

护封：是用来避免书籍在运输、翻阅、光线和日光照射过程中受损和帮助书籍的销售，如图7-6所示。

图7-6

函套：是用来保护书籍的一种形式，利用不同的材料、工艺等手法，保护和美化书籍，提升书籍设计整体的形式美感，是形式和功能相结合的典型表现，如图7-7所示。

图7-7

环衬：是封面到扉页和正文到封底的一个过渡。它分为前环衬和后环衬，即连接封面和封底，是封面前、后的空白页。它不仅起到一定的过渡作用，还有装饰作用，如图7-8所示。

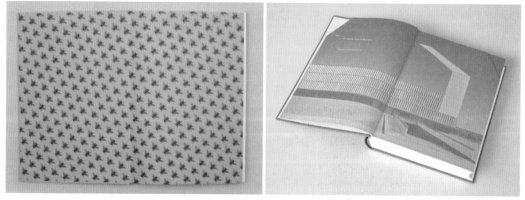

图7-8

扉页：是书籍封面或衬页、正文之前的一页。它主要用来装饰图书和补充书名、作者名、出版社名称等内容，如图7-9所示。

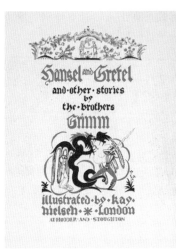
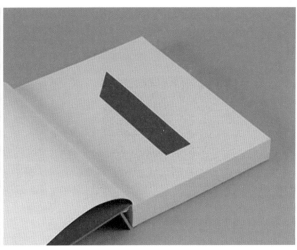

图7-9

　　版权页：是指写有版权说明内容、版本的记录页，包括书名，作者、编者、评者的姓名，出版者、发行者和印刷者的名称及地点，以及开本、印张、字数、出版年月、版次和印数等内容的单张页。版权页是每本书必不可少的一部分，如图7-10所示。

图7-10

　　序言：是放在正文之前的文章，又称"序""前言""引言"，分为"自序""代序"两种。其主要用来说明创作原因、理念、过程或介绍和评论该书内容，如图7-11所示。

图7-11

目录：是将整本书的文章或内容以及所在页数以列表的形式呈现出来，具有检索、报道、导读的功能，如图7-12所示。

图7-12

章节页：是对每个章节进行总结性的概括的页面，既总结了章节的内容，又统一了整本书籍的风格，如图7-13所示。

图7-13

页码：是用来表明书籍次序的号码或数字，每一页面都有，且呈一定的次序递增，所在位置不固定。其能够统计书籍的页数，方便读者翻阅，如图7-14所示。

图7-14

页眉、页脚：页眉一般置于书籍页面的上部，有文字、数字、图形等多种类型，主要起装饰作用。页脚是书籍中每个页面的底部的区域，常用于显示书籍的附加信息，可以在页脚中插入文本或图形，例如页码、日期、公司徽标、书籍标题、作者名等信息，如图7-15所示。

图7-15

7.1.3 书籍的常见装订形式

随着材料的使用和技术的更迭，书籍产生了不同的装订形式。从成书的形式上看，主要分为平装、精装和特殊装订方式。

平装书：是近现代书籍普遍采用的一种书籍形态，它沿用并保留了传统书的主要特征。装订方式采用平订、骑马订、无线胶订等。

平订是将印好的书页经折页或配帖成册后，在订口用铁丝钉牢，再包上封面。其制作简单，双数、单数页都可以装订，如图7-16所示。

图7-16

骑马订是将印好的书页和封面，在折页中间用铁丝钉牢。其制作简便、速度快，但牢固性弱，适合双数和少数量的书籍装订，如图7-17所示。

图7-17

无线胶订是指不用铁丝，不用线，而是用胶将书芯粘在一起，再包上封面，如图7-18所示。

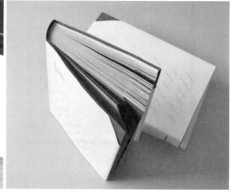

图7-18

精装书：是一种印制精美、不易折损、易于长期收藏的精致、华丽的装帧形态。其主要应用于经典著作、专著、工具书、画册等。其结构与平装书的主要区别是硬质的封面或外层加护封、函套等。精装书的书籍有圆脊、平脊、软脊三种类型。

圆脊是书脊呈月牙状，略带一点弧线，有一定的厚度感，更加饱满，如图7-19所示。

图7-19

平脊是用硬纸板做书籍的里衬，整个形态更加平整，如图7-20所示。

图7-20

软脊是指书脊是软的，随着书的开合，书脊也可以随之折弯。相对来说，阅读时翻书比较方便，但是书脊容易受损，如图7-21所示。

 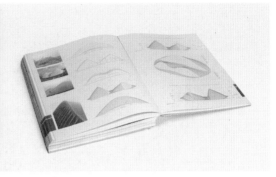

图7-21

特殊装订方式：是与普通的书籍装订方式带给人的视觉效果完全不一样的装订方式。想要采用特殊的装订方式，需要对书籍的整体内容加以把握，然后挑选合适的方式。它给人更为活跃、独特的视觉享受。特殊的装订方式有活页订、折页装、线装等。

活页订即在书的订口处打孔，再用弹簧金属圈或蝶纹圈等穿扣，如图7-22所示。

图7-22

折页装即将纸张的长幅折叠起来，一反一正，翻阅起来十分方便，如图7-23所示。

 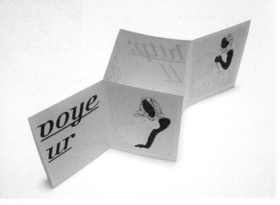

图7-23

线装即用线在书脊一侧装订而成，中国传统书籍多用此类装订方式，如图7-24所示。

图7-24

7.2 书籍设计实战

7.2.1 实例：建筑类书籍内页设计

设计思路

案例类型：

本案例为建筑类书籍内页设计项目，如图7-25所示。

图7-25

项目诉求：

当前内页中，需要展示的内容有一篇文章及两张图像。要求页面遵循一致性、易读性、层次性和美观性的原则，页面布局应有明确的层次结构，以帮助读者理解书籍的内容和结构。

设计定位：

　　针对建筑设计类专题文章的排版，既要能够将内容准确地表达出来，又不能枯燥无趣，需要同时体现专业性与艺术性。图文结合的版面如果要追求艺术感，则可从版式及色彩的运用两方面入手。

配色方案

　　整个版面以白色为背景，在此基础之上，青灰色为版面中大面积出现的主色调。青灰色清冷、雅致，其与深灰色的搭配给人理性、内敛的感觉。标题文字和首字选择了暗红色，与冷色调的青灰色形成了鲜明的对比，同时起到了强调、引导的作用，使读者在阅读时能够第一时间注意到标题，如图7-26所示。

图7-26

版面构图

　　该版面采用了图文混排的方式。使用单色照片可以增强版面的艺术感。画面中的图片占据较大面积，留白较多。分开摆放的标题与副标题，每段文字内容也较少，能够传达信息的同时也增强了版面的视觉效果。图片和文字自由排放，没有固定的规律，呈现较为"随性"的感觉，同时避免了阅读大段文字给人带来的枯燥感，如图7-27所示。

图7-27

本案例制作流程如图7-28所示。

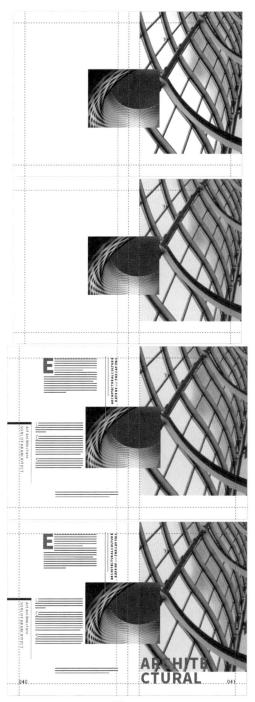

图7-28

技术要点

- 设置"合并模式"更改图片的颜色。
- 利用"段落文本换行"制作围绕路径对象排列的段落文本。
- 制作首字下沉的段落文本。

操作步骤

1.制作内页的图像部分

❶ 执行"文件"|"新建"命令，新建一个A3大小的空白文档，如图7-29所示。

图7-29

❷ 使用Alt+Shift+R组合键调出标尺，并在画面中创建几条参考线，划分版面，如图7-30所示。

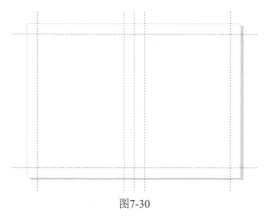

图7-30

❸ 执行"文件"|"导入"命令，将素材"1.jpg"导入画面中，如图7-31所示。

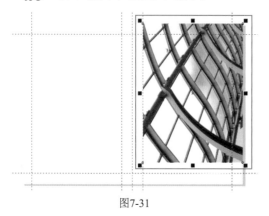

图7-31

❹ 继续使用同样的方法将素材"2.jpg"导入画面中的合适位置，如图7-32所示。

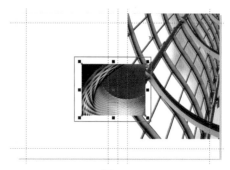

图7-32

❺ 选择工具箱中的"矩形工具"，在素材"1.jpg"上按住鼠标左键拖动，绘制一个与右侧图片等大的矩形，并去除其轮廓色，将其填充为蓝灰色，如图7-33所示。

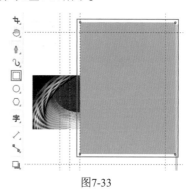

图7-33

❻ 选中矩形，选择工具箱中的"透明度工具"，在属性栏中单击"均匀透明度"按钮，设置"合并模式"为"颜色"，"透明度"为20，如图7-34所示。

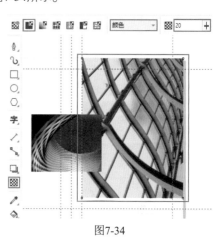

图7-34

2. 制作内页的文字

❶ 选择工具箱中的"矩形工具"，在画面左侧按住鼠标左键拖动，绘制一个矩形，并去除其轮廓色，将其填充为黑色，如图7-35所示。

❷ 继续使用该工具在黑色矩形的右侧绘制一个细长的矩形，如图7-36所示。

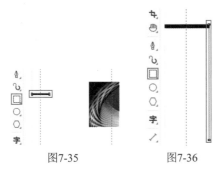

图7-35 图7-36

❸ 选择工具箱中的"文本工具"，在细长矩形的左侧单击插入光标，接着输入文字。选中该文字，在属性栏中设置合适的字体与字号，并将文字颜色更改为蓝灰色，如图7-37所示。

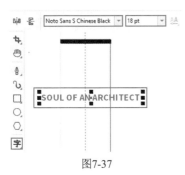

图7-37

❹ 使用工具箱中的"选择工具"，单击刚才输入的文字，在属性栏中设置"旋转角度"为270.0°，如图7-38所示。

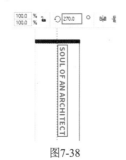

图7-38

❺ 继续使用同样的方法在该文字的右侧与素材"2.jpg"的上方输入文字，如图7-39所示。

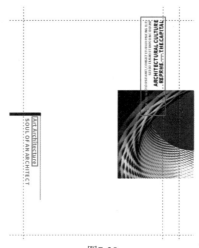

图7-39

❻ 选择工具箱中的"文本工具"，在页面左上方按住鼠标左键拖动绘制文本框，在属性栏中设置合适的字体与字号，然后在文本框内输入文字，如图7-40所示。

图7-40

❼ 继续选择工具箱中的"文本工具"，在画面中单击插入光标，输入字母E。选中字母E，在属性栏中设置合适的字体与稍大的字号，并将其颜色更改为红色，如图7-41所示。

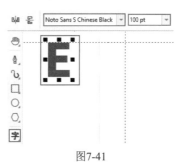

图7-41

❽ 选中该文字，执行"对象"|
"转换为曲线"命令，将其变
为路径对象，如图7-42所示。

❾ 将文字摆放在文本框的左
上角，单击鼠标右键，在弹出
的快捷菜单中选择"段落文本换行"命令，文字
自动围绕该路径对象进行排列，如图7-43所示。

图7-42

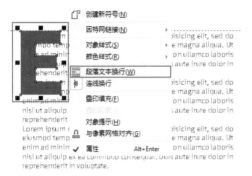

图7-43

❿ 此时画面效果如图7-44所示。

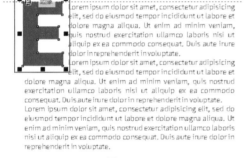

图7-44

⓫ 继续使用工具箱中的"文本工具"，在左页
中部创建段落文本，如图7-45所示。

图7-45

⓬ 选中该段落文本，单击属性栏中的"首字母下
沉"按钮，将所有段落的首字母下沉，如图7-46
所示。

图7-46

⓭ 执行"窗口"|"泊坞窗"|"文本"命令，在
打开的"文本"泊坞窗中单击"段落"按钮，设
置"段前间距"为200.0%，增大段与段之间的
间距，如图7-47所示。

图7-47

⓮ 继续使用工具箱中的"文本工具"，在素材2
的下方输入新的段落文本，如图7-48所示。

图7-48

⓯ 制作右侧页面右上角的部分。使用工具箱中
的"矩形工具"，在右侧页面的右上角按住鼠标
左键拖动，绘制一个白色矩形，并去除其轮廓
色，如图7-49所示。

⑯ 继续使用工具箱中的"矩形工具"，在白色矩形上按住鼠标左键拖动，绘制一个黑色矩形，并去除其轮廓色，如图7-50所示。

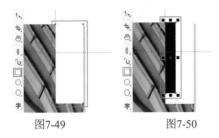

图7-49   图7-50

⑰ 选择工具箱中的"文本工具"，在黑色矩形上方单击插入光标，在属性栏中设置合适的字体与字号，接着输入字母S，并将其颜色更改为白色，如图7-51所示。

图7-51

⑱ 继续使用工具箱中的"文本工具"，在素材1的左下角单击插入光标，输入文字。选中该文字，在属性栏中设置合适的字体与较大的字号，并将文字颜色更改为红色，如图7-52所示。

图7-52

⑲ 在选择该红色文字的状态下，在打开的"文本"泊坞窗中单击"段落"按钮，设置"行间距"为66.0%，如图7-53所示。

图7-53

⑳ 此时画面效果如图7-54所示。

图7-54

㉑ 再次使用工具箱中的"文本工具"，在画面的左下角添加文字作为页码，如图7-55所示。

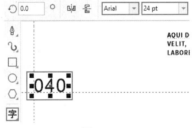

图7-55

㉒ 选中该页码，按住鼠标左键将其向右侧拖动，至合适位置时单击鼠标右键，将其复制一份，如图7-56所示。

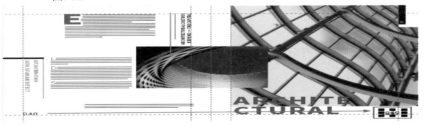

图7-56

㉓ 选中该文字，使用工具箱中的"文本工具"，更改右侧页码的文字内容，如图7-57所示。

图7-57

㉔ 此时本案例制作完成，效果如图7-58所示。

图7-58

7.2.2 实例：时尚杂志封面设计

设计思路

案例类型：

本案例为时尚杂志封面设计项目，如图7-59所示。

图7-59

项目诉求：

这是一本面向25～35岁上班族女性的时尚杂志，内容以服装、美容、时尚为主，每月发行一期，本期为杂志的创刊号，具有一定的代表意义。要求封面设计突出时尚感和品位，以吸引目标读者群体。

设计定位：

时尚杂志要求版面新颖，具有感染力，整体构图元素要协调统一、醒目大气。标识、期号等元素与主图片要能相互呼应，构成完美的画面。版面中的其他元素都可以进行重构，唯独已经选好的主图片无法进行过多修改，因此在设计时要结合主图片的风格、色调进行整体版面的规划。

配色方案

　　时尚杂志的封面由于需要在一个固定的版面中安排较多的内容，所以在色彩搭配上不宜使用过多种类的色彩。本案例选择了两种颜色，以互补色的方式进行搭配，灰调深紫色和中黄色的搭配在冲突之中不乏和谐。

　　蓝紫色由红色与蓝色混合而来，它代表着神秘、高贵。不同明度的蓝紫色具有不同的特征，偏红的紫色华美艳丽，偏蓝的紫色高雅孤傲。在辅助色上选择了与蓝紫色互为补色的中黄色。中黄色的明度没有柠檬黄那么高，而且是一种偏向于暖色调的黄，既能够起到"点亮"版面的作用，又不至于过分突出，如图7-60所示。

图7-60

版面构图

　　杂志封面的版面构图大同小异，本案例采用的就是最常见的构图方式，主图采用时尚人像摄影，顶部为刊名，热点信息分列版面两侧。限于杂志封面的结构化，想要做些变化通常可以在热点信息的展示方式上进行一定的改动。在该作品中，主图人像所占比例较大，可以将热点信息罗列在版面左侧，而左上角正是视觉重心，因此可以将重要内容摆放在这里，以便吸引读者，如图7-61所示。

图7-61

　　本案例制作流程如图7-62所示。

图7-62

技术要点

● 使用"阴影工具"为图形增加立体感。
● 使用"转换为位图"命令，将封面转换为图片。
● 使用"透视点"调整图片形态。

操作步骤

1.制作封面平面图

❶ 执行"文件"|"新建"命令，新建一个大小合适的空白文档，如图7-63所示。

图7-63

❷ 执行"文件"|"导入"命令，将素材"1.jpg"导入画面中，如图7-64所示。

图7-64

③ 选择工具箱中的"矩形工具"，在画面顶端

按住鼠标左键拖动，绘制一个矩形，并去除其轮廓色，为其填充黑色，如图7-65所示。

图7-65

④ 选择工具箱中的"文本工具"，在矩形的下方单击插入光标，在属性栏中设置合适的字体与字号，然后输入文字，如图7-66所示。

⑤ 继续使用"文本工具"，选中部分文字，将其颜色更改为黄色，如图7-67所示。

图7-66

图7-67

⑥ 选择工具箱中的"椭圆形工具"，按住Ctrl键在主标题文字下方拖动鼠标，绘制一个正圆，并去除其轮廓色，将其填充为深蓝紫色，如图7-68所示。

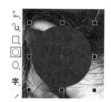

图7-68

⑦ 选择工具箱中的"文本工具"，在正圆上输入文字，并在属性栏中设置合适的字体与字号，如图7-69所示。

图7-69

⑧ 继续使用同样的方法在该正圆的右侧绘制一个黄色的稍小一些的正圆，如图7-70所示。

图7-70

⑨ 选中该黄色正圆，执行"对象"|"顺序"|

"向后一层"命令，将其移动至深蓝紫色正圆的后方，如图7-71所示。

图7-71

⑩ 使用工具箱中的"文本工具"，在黄色正圆的上方输入文字，如图7-72所示。

图7-72

⑪ 继续使用同样的方法在画面的右侧绘制一个深蓝色的正圆，并在其上输入文字，如图7-73所示。

图7-73

⑫ 选择工具箱中的"矩形工具"，在画面左侧位置按住鼠标左键拖动，绘制一个矩形，并将矩形填充为黑色，如图7-74所示。

图7-74

⑬ 继续使用工具箱中的"矩形工具"，在画面中的其他位置绘制多个不同颜色的矩形，如图7-75所示。

图7-75

⑭ 使用工具箱中的"文本工具"，在版面中依次添加文字，如图7-76所示。

图7-76

⑮ 制作书脊。选择工具箱中的"矩形工具"，在正面的左侧按住鼠标左键拖动，绘制一个矩形，去除其轮廓色，将其填充为白色，如图7-77所示。

图7-77

⓰ 继续使用工具箱中的"矩形工具"，在白色矩形的顶端绘制一个矩形，去除其轮廓色，将其填充为黑色，如图7-78所示。

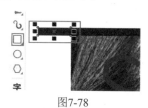

图7-78

⓱ 选中正面平面图中的正圆与其上的文字，将其复制一份，移至书脊上方位置，并调整其大小，如图7-79所示。

图7-79

⓲ 选择正面平面图中的标题文字，将其复制一份，摆放在正圆下方，将其缩小至合适大小，并在属性栏中设置"旋转角度"为270.0°，如图7-80所示。

图7-80

⓳ 选择工具箱中的"文本工具"，在书脊位置添加文字，并在属性栏中设置合适的字体与字号，如图7-81所示。

⓴ 选中该文字，在属性栏中设置"旋转角度"为270°，如图7-82所示。

图7-81　　　　　　　　图7-82

㉑ 选择工具箱中的"矩形工具"，在该文字的下方按住鼠标左键拖动，绘制一个矩形，然后将其填充为深蓝紫色，去除其轮廓色，如图7-83所示。

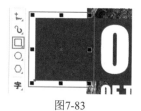

图7-83

㉒ 继续使用工具箱中的"矩形工具"，在书脊底部绘制两个黑色矩形，如图7-84所示。

图7-84

㉓ 选择工具箱中的"文本工具"，在绘制的矩形上输入白色的文字，如图7-85所示。

图7-85

㉔ 制作封底。选择工具箱中的"矩形工具"，在书脊左侧绘制一个矩形，为其填充深蓝紫色，去除其轮廓色，如图7-86所示。

图7-86

㉕ 选中封面中的深蓝紫色正圆、黄色正圆与其上的文字，将其复制一份，移至平面图背面的合适位置，并调整其大小，如图7-87所示。

图7-87

㉖ 选中深蓝紫色的正圆，将其颜色更改为白色，并选中其上的文字，将其颜色更改为蓝色，如图7-88所示。

图7-88

㉗ 选择工具箱中的"矩形工具"，在平面图的背面按住鼠标左键拖动，绘制一个白色矩形，去除其轮廓色，如图7-89所示。

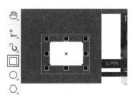

图7-89

㉘ 选中平面图正面顶部和底部的黑色矩形，使用Ctrl+C组合键进行复制，使用Ctrl+V组合键进行粘贴，然后将矩形向封底位置处拖动。此时封面平面图制作完成，效果如图7-90所示。

图7-90

2.制作杂志的立体展示效果

❶ 选择工具箱中的"矩形工具"，在画面中按住鼠标左键拖动，绘制一个矩形，如图7-91所示。

图7-91

❷ 选中矩形，去除其轮廓色，选择工具箱中的"交互式填充工具"，在属性栏中单击"渐变填充"按钮，设置渐变类型为"椭圆形渐变填充"，在画面中按住鼠标左键拖动，调整渐变角度，单击节点，更改其颜色，如图7-92所示。

❸ 选择工具箱中的"钢笔工具"，在渐变矩形上以单击的方式，绘制一个图形，去除其轮廓色，为其填充深灰色，如图7-93所示。

图7-92

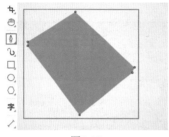

图7-93

❹ 选中该图形，选择工具箱中的"阴影工具"，在图形上按住鼠标左键拖动为其添加投影，在属性栏中设置"阴影不透明度"为30，"阴影羽化"为5，如图7-94所示。

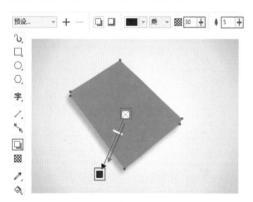

图7-94

❺ 选中平面图的正面，将其复制一份，移至深灰色图形上方，如图7-95所示。

❻ 执行"位图"|"转换为位图"命令，在打开的"转换为位图"对话框中进行设置后，单击OK按钮，如图7-96所示。

❼ 选中位图，执行"对象"|"透视点"|"添加透视"命令，选中节点将其拖动到合适的位置，如图7-97所示。

图7-95

图7-96

图7-97

❽ 继续使用同样的方法调整其他节点的位置，使其与制作的书籍贴合，如图7-98所示。

图7-98

❾ 此时正面效果图制作完成，如图7-99所示。

图7-99

❿ 继续使用同样的方法，制作包装的侧面展示效果，如图7-100所示。

图7-100

⓫ 选择工具箱中的"钢笔工具"，根据左侧图片的形状绘制一个黑色的图形，并去除其轮廓色，如图7-101所示。

图7-101

⓬ 选中该图形，选择工具箱中的"透明度工

具"，在属性栏中单击"均匀透明度"按钮，设置"透明度"为80，如图7-102所示。

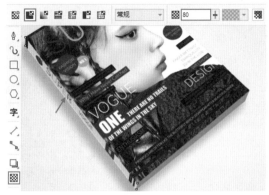

图7-102

⓭ 选中构成立体书籍的对象，使用Ctrl+G组合键进行组合，如图7-103所示。

图7-103

⓮ 选中该组合，按住鼠标左键将其向右拖动，至合适位置时单击鼠标右键，将其快速复制一份。此时本案例制作完成，效果如图7-104所示。

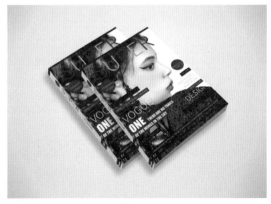

图7-104

服装设计

· 本章概述 ·

　　服装设计属于工艺美学范畴，是实用性和艺术性相结合的一种设计形式。服装设计中的"设计"是指根据设计对象的要求进行构思，并绘制出服装效果图、平面款式图，再根据图纸进行服装的制作，实现完成服装设计的全过程。本章主要从服装设计的基本流程、服装造型的设计、服装设计的常用造型方法、服装面料、服装设计中的图案等方面来介绍服装设计。

8.1 服装设计概述

服装是衣服、鞋、包以及各类装饰品的总称，但大多数时候是指穿在人身体上，起到保护和装饰作用的衣服。服装的种类众多，根据服装的基本形态、用途、品种、材料等因素的不同，可以将服装分成不同的类别。根据性别不同，可将服装分为男装、女装和中性服装；根据用途不同，可将服装分为日常服装、社交服装(礼服、婚纱等）、装扮服装等。

8.1.1 服装设计的基本流程

服装设计的基本流程包括以下内容。

1. 了解设计要求

分析设计任务的来源，确定设计的范围、工作量、服装种类、面料、价格、季节、品牌风格与背景等。

2. 收集、整理信息

在收集、整理信息的过程中，设计师的工作包括市场调研、查阅相关资料、研究流行趋势、寻找新的创意点、获取灵感等。

3. 灵感构思

收集灵感并研究各种时尚趋势、面料、色彩和款式等，以便形成自己的设计理念。

4. 设计图稿

设计图稿是以绘画的形式将设计构思表现出来，包括服装效果图和服装款式图两种形式。服装效果图是指与人物结合表现穿着效果的设计图，较为真实、形象。服装款式图是指通过将服装平铺表现服装特征的设计图，着重表现平面图形，比较简洁明了。图稿还应注意绘制出服装工艺与细节等内容。

5. 选取面料

根据设计灵感和款式选择适合的面料，并了解各种面料的特性和使用情况。

6. 制作样衣

制作样衣的环节包括确定样衣规格、打版、试制样衣。服装在进行结构设计之前必须确定各部位的尺寸，制定样衣规格包括测量穿着者身体各部位尺寸和分析、整理数据，并最终确定成衣尺寸。

确定尺寸之后，就要进行结构设计的步骤。根据服装的造型和规格绘制图形并裁剪，为了真实、具体地展现服装的款式，对服装面料的薄厚、轻重、软硬都要慎重考虑。

在确定服装版型后，为确保成衣质量需要使用其他材料试制样衣，对裁好的衣片进行假缝处理。一旦发现服装结构的不合理之处，就可以立即修改。

7. 试衣

试衣是指在服装制作过程以及制成之后进行试穿，并对结果加以分析。一旦发现不合理之处，就必须及时修改，之后再次进行试穿。这一环节可多次重复，使服装达到理想效果。

8. 裁剪与缝制

在对样衣进行修改之后就可进入裁剪面料的步骤。在对面料进行一系列处理，包括检查面料外观及质量、预缩水处理、熨烫试验、清洁表面等流程之后，就可以正式地裁剪面料。裁剪完成后就要对面料进行缝制处理。缝制是指对最终完成的样衣进行缝合，缝制过程中可以再次假缝、试衣和修改。缝制环节还包括熨烫、钉纽扣等工艺。

9. 修改与质检

对样衣进行最后的修改与质检，整理设计资料，在成衣与预想效果一致时，设计过程结束。接下来的工作是生产以及销售。

8.1.2 服装造型的设计

服装造型的设计是指通过对服装外观造型进行设计和构造，以达到符合人体美感和实用需求的目的。服装造型设计是服装设计中非常重要的一个方面，它直接关系到服装的美感、舒适度、功能性和穿着效果等多个方面。例如，如果设计师想要设计一款贴身的上衣，就需要注意胸部、腰部和臀部的比例关系，以确保上衣的贴身度和舒适度，如图8-1所示。

图8-1

服装的外观造型是服装给人最直观的视觉感受之一，它是由裁剪、缝合等技术手段形成的，使布料呈现各种形态、线条和质感，与人体紧密贴合或独立于身体进行延伸或膨胀。服装造型的设计需要考虑多方面因素，包括人体比例、服装的功能性和风格、裁剪和缝制技术及服装的整体配合等方面，如图8-2所示。

图8-2

服装造型的分类方式有很多种，按照字母法进行分类的方式是比较常见的一种。按照字母法分类，其主要可以分为A型、H型、V型、X型四种主要造型，这四种造型的特征都与各自字母的形态相似。

A型服装的特征主要是上装肩部合体，腰部宽松，下摆宽大；而下装则腰部收紧，下摆扩大。在视觉上形成类似字母"A"的上窄下宽的

视觉效果，如图8-3所示。

H型服装以肩膀为受力点，肩部到下摆呈一条直线，款型显得十分简洁修长，如图8-4所示。

图8-3

图8-4

V型服装的特征主要为上宽下窄，肩部设计较为夸张，下摆处收紧，极具洒脱、干练的效果，如图8-5所示。

图8-5

X型服装的肩部通常会进行一定的造型，显得比较夸张，腰部收紧，下摆扩大，所以也称为沙漏型，是一种能够很好地展示女性躯体美的服装造型，如图8-6所示。

图8-6

8.1.3 服装设计的常用造型方法

常见的服装造型方法有以下几种。

1.几何造型法

几何造型法是利用简单的几何形状进行重新组合,如正方形、长方形、三角形、梯形、圆形、椭圆形等,将其放在相应比例的人体轮廓上进行排列组合,直到获得满意的轮廓。

2.廓形移位法

廓形移位法是指同一主题的廓形用几种不同的构图、表现形式加以处理,展开想象,结合反映服装特征的部位,例如颈、肩、胸、腰、臀、肘、踝等,进行形态、比例、表现形式的诸多变化,从而获得全新的服装廓形。这种造型法既可以用于单品设计,也可以用于系列服装的廓形设计。

3.直接造型法

直接造型法是直接将布料用在模特身上进行造型,通过大头针等方式完成外轮廓的造型设计。这种造型方法可以在构思成型之后使用,也可以在构思尚未成型前使用,便于一边设计一边修改。

8.1.4 服装面料

服装面料的类别非常多,常见的有雪纺、蕾丝、羊毛、丝绸、棉麻、呢绒、皮革、薄纱、麻织物、牛仔等。

雪纺面料质地轻薄通透,手感柔软,悬垂性好,多为浅色调与素淡色彩,给人典雅、端庄之感,如图8-7所示。

蕾丝是以锦纶、涤纶、棉、人造丝为主要原料,以氨纶或者弹力丝为辅助材料制成的面料。蕾丝面料质地轻薄柔软,由它制成的服装具有优雅、浪漫、甜美等特点;缺点是易变形、起球,如图8-8所示。

图8-7   图8-8

羊毛可分为梭织面料和针织面料。纯羊毛面料大多质地细腻柔软,呢面光滑,光泽柔和,富有弹性,制成的服装不易起褶皱,版型挺括。羊毛具有良好的保暖性、吸湿性、耐用性,穿着舒适保暖、不易损坏,可作为大衣、西装等服装的面料,如图8-9所示。

丝绸具有柔软光滑、轻薄贴身、透气性强、散热性好、抗紫外线、色泽绚丽、面料流动感较强等特点,如图8-10所示。

图8-9   图8-10

棉麻具有质地柔软、透气吸汗、不刺激皮肤、贴身舒适、不易卷边、不易掉色、不易染色等特点,还可以起到按摩身体的作用。其可用于制作春夏衬衫、连衣裙、外套等服装,如图8-11所示。

呢绒面料的弹性和抗皱性较好、手感柔软，常用来制作礼服、西装、大衣等较为正式、高档的服装，如图8-12所示。

图8-11　　　　　　　　图8-12

皮革包括真皮、再生皮和人造革。真皮柔软、轻盈，保暖、透气性强，纹理自然，不易掉色，再生皮价格低廉，但面料质地厚重，弹性、强度较差，人造革常用来代替部分真皮面料使用，如图8-13所示。

薄纱质地轻薄通透，有较强的层次感和通透感，使服装更具朦胧的美感。薄纱面料吸湿透气、柔软轻薄、穿着舒适、色彩亮丽、轻盈透明，具有优雅、浪漫、神秘的特点，如图8-14所示。

图8-13　　　　　　　　图8-14

麻织物具有韧性强、轻薄透气、吸湿吸热、不易受潮发霉、不易褪色的特点，多用来制作夏装。其优点是穿着舒适、凉爽吸汗、挺括有型；缺点是整齐度差，服装表面粗糙，如图8-15所示。

牛仔面料质地紧密厚实，穿着舒适，织纹清晰，缩水率小，色泽鲜艳，多用于制作牛仔裤、牛仔上装、牛仔背心、牛仔裙装等服装，如图8-16所示。

图8-15　　　　　　　　图8-16

8.1.5　服装设计中的图案

图案元素可以丰富服装的视觉效果，也可以非常容易地赋予服装"性格"。常见的服装图案类型有植物图案、动物图案、人物图案、风景图案、卡通图案、几何图案、抽象图案和文字图案等。

植物图案是服装设计中运用较多的图案，包括各种花卉、树叶、藤蔓、果实等，如图8-17所示。

动物图案的灵活性与适用性要弱于植物图案，但动物图案更加活跃、生动。由于动物的形象、姿态各有不同，因此服装呈现的风格便大有不同、各有特色，如图8-18所示。

图8-17　　　　　　　　图8-18

服装设计中的人物图案是将现实生活中的人物形象通过一定的设计加工，改变其原有的造型、结构、色彩，起到装饰服装的作用，给人独特、个性的视觉感受，如图8-19所示。

服装设计中的风景图案是将自然的风景元素进行一定的归纳整理与加工，再将其运用到服装中，可极大地增强服装的艺术性与美感。春江秋月、亭台楼阁、花鸟鱼虫的图案让人们在欣赏的同时，更会带给其开阔、自然、恬淡的心理感受，如图8-20所示。

图8-19　　　　　　图8-20

卡通图案通常给人留下可爱、有趣、生动的印象，它风格鲜明，可识别性强，具有较强的视觉吸引力，如图8-21所示。

服装设计中的几何图案是将简单的色块拼接而成的图案。这种图案视觉冲击力极强，不同色彩的强烈碰撞可以带来震撼的视觉效果。将不同材质和色彩的面料拼接在一起，可以使服装的风格更加独特，如图8-22所示。

图8-21　　　　　　图8-22

抽象图案是对具体的设计元素进行夸张的加工，使其与原本的形象形成较大的差异。与其他图案相比，其更加随意、个性，更具艺术感染力，如图8-23所示。

文字图案不仅可以较快地传递信息，对文字进行加工设计后，还能起到装饰作用。例如，追求个性的年轻人，多选择在运动类服装中使用变形较夸张的文字，如图8-24所示。

图8-23　　　　　　图8-24

8.2　服装设计实战

8.2.1　实例：短袖衬衫裙款式图设计

设计思路

案例类型：

本案例是一款女士短袖衬衫裙款式图设计项目，如图8-25所示。

图8-25

项目诉求：

　　设计一款夏季的女士连衣裙，要求突出简约、休闲风格的特点，追求简约、清新、舒适，符合夏季轻松、自然的效果。款式上考虑舒适性的同时也要凸显女性的身材比例和优美线条。

设计定位：

　　本案例为简约、休闲风格的夏季女士短袖高腰衬衫裙。这款连衣裙融合了衬衫的清爽、轻便与A字形裙的甜美、优雅。肩背贴身裁剪，版型挺括，更能显出人物身姿挺拔、体态优雅。A字形裙身从腰部向下逐渐放宽，外轮廓由直线变成斜线，视觉上增加了裙身长度，拉长了腿部线条，打造出人物纤细高挑的身形。白色圆形波点图案在视觉上具有扩张感，使服装造型更显蓬松、饱满，达到减龄的效果。

配色方案

　　本案例作品采用单色系的色彩搭配方式，以天蓝色作为主色，表现出纯净、清新的气质。以白色的圆形图案作为点缀，洋溢着纯净、清爽的青春气息，此类冷色调色彩搭配方式常被用于夏季服装设计中，如图8-26所示。

图8-26

其他配色方案

　　其他配色方案效果如图8-27所示。
　　本案例制作流程如图8-28所示。

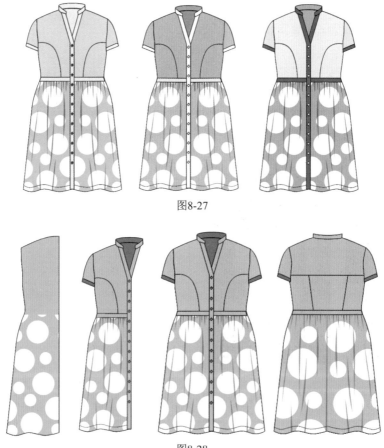

图8-27

图8-28

技术要点

　● 使用多种绘制工具绘制款式图的构成图形。

　● 使用图框精确剪裁将面料添加到服装中。

操作步骤

1. 绘制面料图案

❶ 新建一个大小合适的空白文档，接着使用工具箱中的"矩形工具"，绘制一个与画板等大的矩形，并将其填充为灰色，如图8-29所示。

图8-29

❷ 继续使用工具箱中的"矩形工具"，绘制一个作为面料底色的矩形，如图8-30所示。

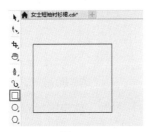

图8-30

❸ 选中该矩形，选择工具箱中的"交互式填充工具"，在属性栏中单击"均匀填充"按钮，设置"填充色"为天蓝色，在右侧调色板中右击"无"按钮，去除其轮廓色，如图8-31所示。

图8-31

❹ 选择工具箱中的"椭圆形工具"，在画面的空白位置按住Ctrl键的同时按住鼠标左键拖动，绘制一个正圆，在右侧调色板中设置"填充色"

为白色，右击"无"按钮，去除其轮廓色，如图8-32所示。

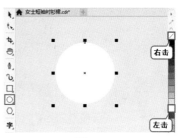

图8-32

❺ 继续使用同样的方法在画面中绘制其他正圆，选中所有正圆图形，使用Ctrl+G组合键进行组合，如图8-33所示。

图8-33

❻ 选中所有正圆图形，将其移动到蓝色矩形附近，单击鼠标右键，在弹出的快捷菜单中选择"PowerClip 内部"命令，在面料背景上单击，如图8-34所示。

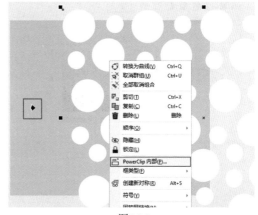

图8-34

❼ 单击界面左上角的"编辑"按钮，调整正圆位置，调整完成后单击"完成"按钮。此时面料图案制作完成，效果如图8-35所示。

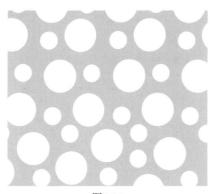

图8-35

2.绘制衬衫裙正面

❶ 使用工具箱中的"钢笔工具"，在画面中的空白位置绘制后衣领图形，在属性栏中设置"轮廓宽度"为0.3mm，如图8-36所示。

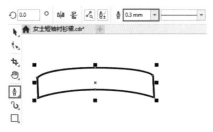

图8-36

❷ 选中该图形，选择工具箱中的"交互式填充工具"，在属性栏中单击"均匀填充"按钮，设置"填充色"为深蓝色，如图8-37所示。

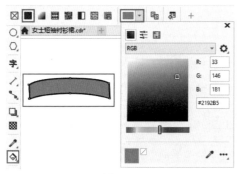

图8-37

❸ 继续使用同样的方法在衣领下方绘制后片图形，如图8-38所示。

❹ 绘制衬衫裙的左前片。使用工具箱中的"钢笔工具"，绘制左前片图形，在属性栏中设置"轮廓宽度"为0.3mm，如图8-39所示。

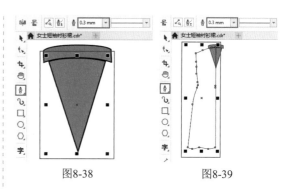

图8-38　　　　　　　　　　图8-39

❺ 选中该图形，选择工具箱中的"交互式填充工具"，在属性栏中单击"均匀填充"按钮，设置"填充色"为蓝色，如图8-40所示。

图8-40

❻ 选中左前片图形，单击鼠标右键，在弹出的快捷菜单中选择"顺序" | "向后一层"命令，如图8-41所示。

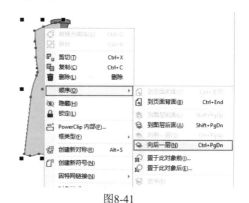

图8-41

❼ 此时衬衫裙左前片制作完成，效果如图8-42所示。

❽ 将面料图案复制一份并移动到画面合适的位置，单击鼠标右键，在弹出的快捷菜单中选择"PowerClip 内部"命令，接着在衬衫裙左前片图形上单击，如图8-43所示。

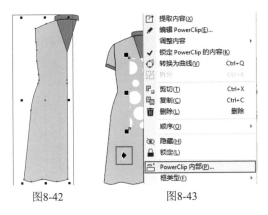

图8-42　　　　　　　　图8-43

⑨ 此时需要调整面料图案在裙摆中的位置。选中衬衫裙左前片图形，单击界面左上方的"编辑"按钮，如图8-44所示。

⑩ 选中面料图案，调整图案位置及大小，调整完成后单击"完成"按钮，如图8-45所示。

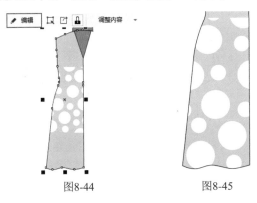

图8-44　　　　　　　　图8-45

⑪ 绘制左前片的腰带部分。继续使用工具箱中的"钢笔工具"，在衬衫裙左前片腰部位置绘制腰带图形，设置"填充色"为蓝色，"轮廓色"为黑色，并在属性栏中设置"轮廓宽度"为0.3mm，如图8-46所示。

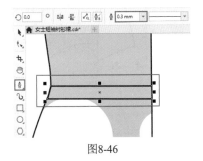

图8-46

⑫ 使用工具箱中的"钢笔工具"，在腰带上方绘制一条路径，并在属性栏中设置"轮廓宽度"为0.3mm，如图8-47所示。

图8-47

⑬ 绘制左前片的衣褶部分。使用工具箱中的"钢笔工具"，在腰带下方绘制图形，如图8-48所示。

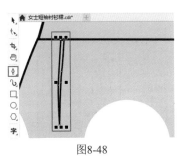

图8-48

⑭ 选中该衣褶图形，双击文档界面下方的"编辑填充"按钮，在弹出的"编辑填充"对话框中，单击"渐变填充"按钮，设置"类型"为"线性渐变填充"，设置"填充色"为深蓝色到黑色的渐变，设置黑色节点的"透明度"为80%。设置完成后单击OK按钮提交操作，如图8-49所示。

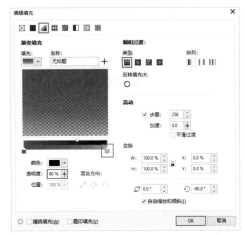

图8-49

⑮ 在调色板中右击"无"按钮，去除其轮廓色，如图8-50所示。

⓰ 继续使用同样的方法在腰带下方绘制其他衣褶图形，如图8-51所示。

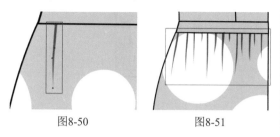

图8-50 图8-51

⓱ 使用工具箱中的"钢笔工具"，在裙摆的合适位置绘制一个较为细长的条状图形，如图8-52所示。

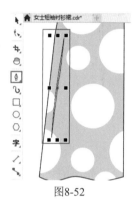

图8-52

⓲ 选中该图形，选择工具箱中的"交互式填充工具"，在属性栏中单击"均匀填充"按钮，设置"填充色"为蓝灰色，如图8-53所示。

图8-53

⓳ 选中衣褶图形，选择工具箱中的"透明度工具"，在属性栏中设置"合并模式"为"乘"，如图8-54所示。

⓴ 继续使用同样的方法绘制裙摆的其他衣褶，如图8-55所示。

㉑ 绘制衬衫裙左前片的缉明线。选择工具箱中的"钢笔工具"，在左前片下方的合适位置绘制

路径，在属性栏中设置"轮廓宽度"为0.2mm，并设置"线条样式"为虚线，如图8-56所示。

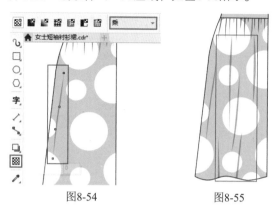

图8-54 图8-55

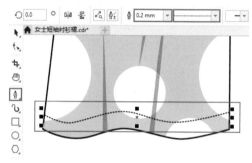

图8-56

㉒ 绘制衬衫裙的左衣袖。使用工具箱中的"钢笔工具"，在衬衫裙左前片的左侧位置绘制形状，在属性栏中设置"轮廓宽度"为0.3mm，如图8-57所示。

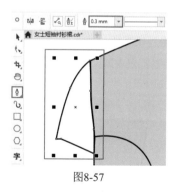

图8-57

㉓ 选中该图形，选择工具箱中的"交互式填充工具"，在属性栏中单击"均匀填充"按钮，设置"填充色"为蓝色，如图8-58所示。

㉔ 绘制衬衫裙左衣袖的袖口。继续使用工具箱中的"钢笔工具"，在左衣袖下方绘制图形，设置"填充色"为深蓝色，"轮廓色"为黑色，

并在属性栏中设置"轮廓宽度"为0.3mm，如图8-59所示。

图8-58

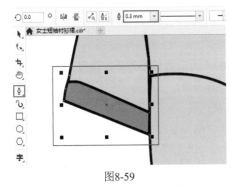

图8-59

㉕ 选中衬衫裙左侧的所有图形，使用Ctrl+C组合键进行复制，使用Ctrl+V组合键进行粘贴，然后单击属性栏中的"水平镜像"按钮，如图8-60所示。

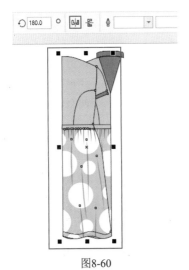

图8-60

㉖ 将图形移动到画面右侧的合适位置，如图8-61所示。

图8-61

㉗ 绘制前衣领部分。使用工具箱中的"钢笔工具"，绘制衬衫裙右侧衣领形状，在属性栏中设置"轮廓宽度"为0.3mm，如图8-62所示。

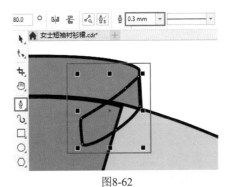

图8-62

㉘ 选中该图形，选择工具箱中的"交互式填充工具"，在属性栏中单击"均匀填充"按钮，设置"填充色"为蓝色，如图8-63所示。

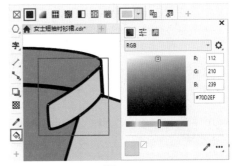

图8-63

㉙ 继续使用工具箱中的"钢笔工具"，在衣领前片下方绘制门襟图形，设置"填充色"为蓝色，"轮廓色"为黑色，并在属性栏中设置"轮廓宽度"为0.3mm，如图8-64所示。

图8-64

⑩ 选中衬衫裙门襟图形，单击鼠标右键，在弹出的快捷菜单中选择"顺序"|"向后一层"命令，如图8-65所示。

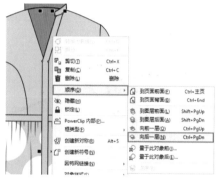

图8-65

⑪ 此时衬衫裙门襟效果如图8-66所示。

⑫ 选中衬衫裙前衣领和门襟图形，使用Ctrl+C组合键复制，使用Ctrl+V组合键粘贴，接着单击属性栏中的"水平镜像"按钮，如图8-67所示。

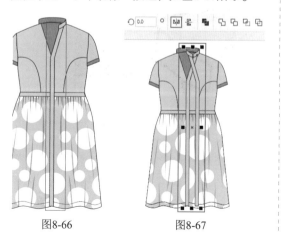

图8-66   图8-67

⑬ 将图形移动到画面的左侧，此时衬衫裙衣领和门襟制作完成，效果如图8-68所示。

图8-68

⑭ 绘制扣眼。使用工具箱中的"钢笔工具"，在门襟的合适位置绘制图形，设置"轮廓色"为黑色，并在属性栏中设置"轮廓宽度"为0.1mm，如图8-69所示。

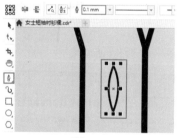

图8-69

⑮ 绘制纽扣。选择工具箱中的"椭圆形工具"，在扣眼上方按住Ctrl键的同时按住鼠标左键拖动，绘制一个正圆，设置"填充色"为深蓝色，"轮廓色"为黑色，并在属性栏中设置"轮廓宽度"为0.2mm。选中两个图形使用Ctrl+G组合键进行组合，如图8-70所示。

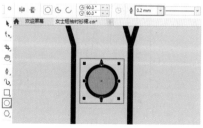

图8-70

⑯ 选中扣子图形组，多次使用Ctrl+C组合键进行

复制，使用Ctrl+V组合键进行粘贴，并摆放到门襟合适位置。此时女士短袖衬衫裙的正面制作完成，效果如图8-71所示。

图8-71

3.绘制衬衫裙背面

① 使用工具箱中的"钢笔工具"，参考前片衣领的形态，绘制后衣领图形，设置"填充色"为蓝色，"轮廓色"为黑色，并在属性栏中设置"轮廓宽度"为0.3mm，如图8-72所示。

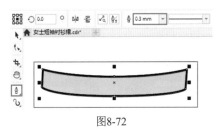

图8-72

② 继续使用工具箱中的"钢笔工具"，参考前片的形态，在后衣领下方绘制后片图形，设置"填充色"为蓝色，"轮廓色"为黑色，并在属性栏中设置"轮廓宽度"为0.3mm，如图8-73所示。

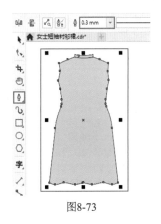

图8-73

③ 将面料图案复制一份移动到画面合适位置，单击鼠标右键，在弹出的快捷菜单中选择"PowerClip 内部"命令，在衬衫裙的后片图形上单击，如图8-74所示。

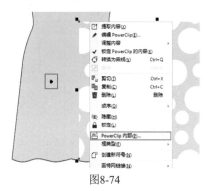

图8-74

④ 调整面料图案位置，如图8-75所示。

图8-75

⑤ 使用工具箱中的"钢笔工具"，在衬衫裙后片的中间位置绘制腰带图形，设置"填充色"为蓝色，"轮廓色"为黑色，并在属性栏中设置"轮廓宽度"为0.3mm，如图8-76所示。

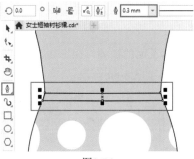

图8-76

⑥ 选择工具箱中的"2点线工具"，在短袖衬衫裙后片合适位置按住Ctrl键的同时按住鼠标左键拖动，绘制衔接线，在属性栏中设置"轮廓宽度"为0.3mm，如图8-77所示。

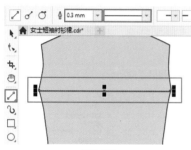

图8-77

❼ 继续使用同样的方法在腰带上方的区域绘制其他衔接线，如图8-78所示。

图8-78

❽ 选中衬衫裙正面衣袖的所有图形，使用Ctrl+C组合键进行复制，使用Ctrl+V组合键进行粘贴，接着将图形移动到衬衫裙背面的合适位置，如图8-79所示。

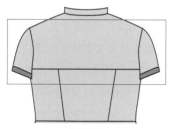

图8-79

❾ 将衬衫裙正面的裙褶、阴影以及底部缉明线复制到背面，如图8-80所示。

图8-80

❿ 至此本案例制作完成，效果如图8-81所示。

图8-81

8.2.2 实例：男童运动套装款式图设计

设计思路

案例类型：

本案例是一款男童运动套装款式图设计项目，如图8-82所示。

图8-82

项目诉求：

设计一款男童运动套装，要求体现运动休闲风格，让孩子在穿着套装时既能够进行各种运动，又能够轻松休闲。套装的版型应该适合男童的身形，剪裁要合身、舒适，且有一定的活动空间。套装的短袖上衣和运动裤的搭配要协调，颜色和图案要协调统一，让整体效果更加时尚、流行。

设计定位：

本案例是一款海洋风夏季男童短袖运动套装，通过蓝白相间的横条纹打造出鲜明的层次感，结合肩部的拼贴，展现出清爽、灵动的少年形象。抽绳式运动裤裤管宽大，有利于儿童的生长发育与活动，穿脱方便。整套服装廓形较为宽松，裁剪合体，穿着舒适、轻便。

配色方案

以海洋为灵感自然少不了蓝色的参与，以深蓝色为主色调、稍浅一些的蓝色为辅助色，展现出海洋风的清爽、干净，蓝白相间的条纹增强了服装的层次感，如图8-83所示。

图8-83

其他配色方案

其他配色方案效果如图8-84所示。

图8-84

本案例制作流程如图8-85所示。

图8-85

技术要点

- 使用"钢笔工具"绘制图形。
- 通过"步长和重复"制作图案。
- 使用图框精确剪裁为衣服添加图案。
- 使用"添加杂点"命令为裤子添加杂点纹理。

操作步骤

1.绘制面料图案

❶ 新建一个空白文档。选择工具箱中的"矩形工具",在画面的空白位置按住鼠标左键拖动,绘制一个矩形,在右侧调色板中设置"填充色"为白色,"轮廓色"为浅灰色,如图8-86所示。

图8-86

❷ 继续使用工具箱中的"矩形工具",在矩形上绘制一个细长的矩形,如图8-87所示。

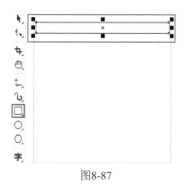

图8-87

❸ 在选中该图形的情况下,选择工具箱中的"交互式填充工具",在属性栏中单击"均匀填充"按钮,设置"填充色"为天蓝色。在右侧调色板中右击"无",去除其轮廓色,如图8-88所示。

❹ 选中该图形,按住鼠标左键向下拖动的同时按住Shift键将其向下垂直移动,移动合适距离后单击鼠标右键将其复制,如图8-89所示。

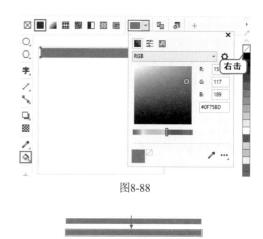

图8-88

图8-89

❺ 多次使用Ctrl+D组合键,快速移动并复制得到多个相同的图形,然后选中构成面料的图形进行编组。此时条纹图案的服装面料制作完成,效果如图8-90所示。

图8-90

2.绘制上衣正面

❶ 使用工具箱中的"钢笔工具",绘制领口处的后片图形,在属性栏中设置"轮廓宽度"为0.5mm,将后片图形复制一份移动到画面空白位置,如图8-91所示。

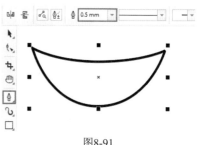

图8-91

❷ 将图案面料复制一份移动到画面合适位置。单击鼠标右键,在弹出的快捷菜单中选择"PowerClip 内部"命令,在后片图形上单击,如图8-92所示。

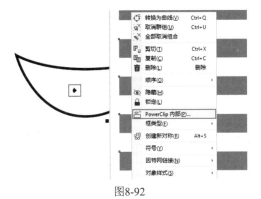

图8-92

❸ 此时上衣后片效果如图8-93所示。

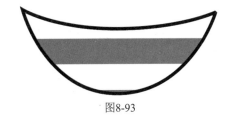

图8-93

❹ 将复制的上衣后片图形摆放在上层,并移动到带有条纹图形的上方,设置"填充色"为蓝色,"轮廓色"为无,如图8-94所示。

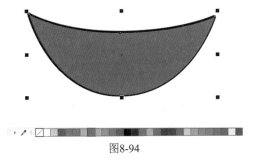

图8-94

❺ 在选中该图形的情况下,选择工具箱中的"透明度工具",在属性栏中单击"均匀透明度"按钮,设置"透明度"为41,如图8-95所示。

❻ 绘制后衣领。选择工具箱中的"矩形工具",在后片上方的合适位置绘制一个矩形,并在属性栏中设置"轮廓宽度"为0.2mm,如图8-96所示。

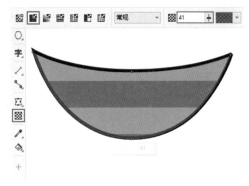

图8-95

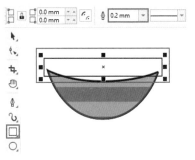

图8-96

❼ 选中该图形,选择工具箱中的"封套工具",单击矩形的节点,并调节各个节点的位置,如图8-97所示。

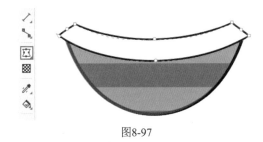

图8-97

❽ 在选中该图形的情况下,选择工具箱中的"交互式填充工具",在属性栏中单击"均匀填充"按钮,设置"填充色"为天蓝色,如图8-98所示。

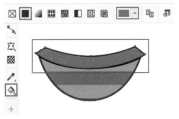

图8-98

❾ 使用工具箱中的"钢笔工具",在画

面的空白位置按住Shift键的同时单击鼠标左键绘制一条直线，如图8-99所示。

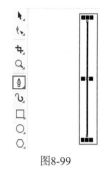

图8-99

⑩ 选中直线，双击界面右下方的"轮廓笔"按钮，在弹出的"轮廓笔"对话框中，设置"颜色"为蓝色，"宽度"为"细线"，设置完成后单击OK按钮，如图8-100所示。

图8-100

⑪ 选中直线，执行"编辑"|"步长和重复"命令，在打开的"步长和重复"泊坞窗中，将"水平设置"的"间距"设置为0.7mm，"垂直设置"的"份数"设置为49，单击"应用"按钮，如图8-101所示。

图8-101

⑫ 执行操作后得到一系列线条，选中这些线条，使用Ctrl+G组合键进行组合，如图8-102所示。

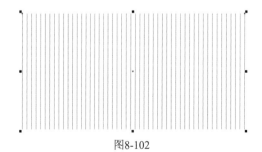

图8-102

⑬ 将线条图案复制一份移动到画面合适位置。

在图案选中的情况下，单击鼠标右键，在弹出的快捷菜单中选择"PowerClip内部"命令，在后领口图形上单击，如图8-103所示。

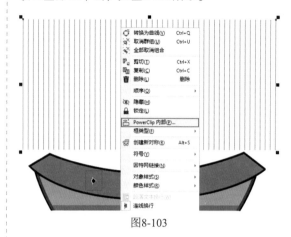

图8-103

⑭ 此时后衣领画面效果如图8-104所示。

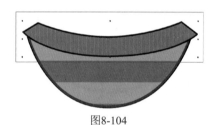

图8-104

⑮ 绘制前领口。使用工具箱中的"钢笔工具"，在下边缘绘制前衣领图形。在文档调色板中，设置"填充色"为天蓝色，"轮廓色"为黑色，并在属性栏中设置"轮廓宽度"为0.25mm，如图8-105所示。

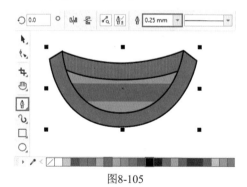

图8-105

⑯ 将线条图案复制一份移动到画面合适位置，在图案选中的情况下，单击鼠标右键，在弹出的快捷菜单中选择"PowerClip内部"命令，在前领口图形上单击，如图8-106所示。

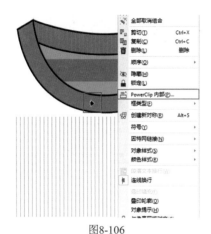

图8-106

⓱ 此时前衣领画面效果如图8-107所示。

图8-107

⓲ 绘制前片。使用工具箱中的"钢笔工具"，在衣领下方的合适位置绘制图形，在属性栏中设置"轮廓宽度"为0.25mm，如图8-108所示。

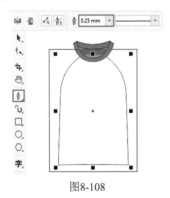

图8-108

⓳ 将图案面料复制一份，在图案面料选中的情况下，单击鼠标右键，在弹出的快捷菜单中选择"PowerClip 内部"命令，在前片图形上单击，如图8-109所示。

⓴ 此时上身前片制作完成，效果如图8-110所示。

㉑ 绘制衣袖。使用工具箱中的"钢笔工具"，在画面左上方绘制图形，在属性栏中设置"轮廓宽度"为0.25mm，如图8-111所示。

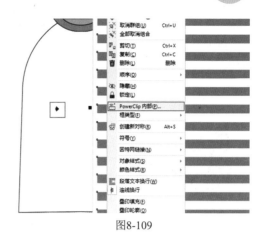

图8-109

图8-110

图8-111

㉒ 选中衣袖图形，双击界面右下方的"编辑填充"按钮，在"编辑填充"对话框中设置"填充色"为稍深一些的蓝色，如图8-112所示。

㉓ 此时衣袖制作完成，效果如图8-113所示。

㉔ 使用工具箱中的"钢笔工具"，在衣袖袖口绘制线条，在属性栏中设置"轮廓宽度"为0.2mm，并设置合适的虚线线条样式，如图8-114所示。

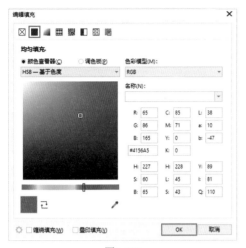

图8-112

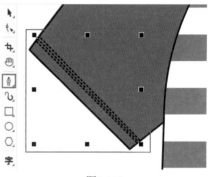

图8-115

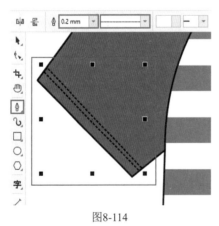

图8-113

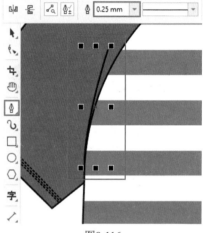

图8-116

27 选中衣袖所有图形，使用Ctrl+C组合键进行复制，使用Ctrl+V组合键进行粘贴，单击属性栏中的"水平镜像"按钮，如图8-117所示。

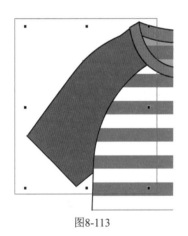

图8-114

图8-117

25 继续使用工具箱中的"钢笔工具"，在袖口的合适位置绘制缉明线，如图8-115所示。

26 使用工具箱中的"钢笔工具"，在衣袖和前片的衔接处绘制衣褶，在属性栏中设置"轮廓宽度"为0.25mm，如图8-116所示。

28 将衣袖图形移动到画面右侧的合适位置，如图8-118所示。

29 绘制衣兜。使用工具箱中的"钢笔工具"，在前片右侧的合适位置绘制图形，在属性栏中设置"轮廓宽度"为0.5mm，如图8-119所示。

图8-118

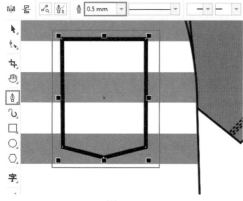

图8-119

③⓪ 在选中该图形的情况下，选择工具箱中的"交互式填充工具"，在属性栏中单击"均匀填充"按钮，设置与衣袖相同的颜色，如图8-120所示。

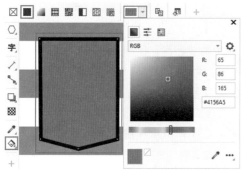

图8-120

③① 使用工具箱中的"钢笔工具"，在衣兜边缘绘制缉明线，在属性栏中设置"轮廓宽度"为0.2mm，并设置合适的虚线线条样式，如图8-121所示。

③② 复制衣兜处的缉明线，并适当缩小，如图8-122所示。

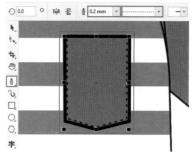

图8-121

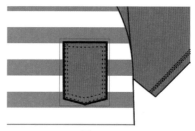

图8-122

③③ 此时童装上衣正面制作完成，效果如图8-123所示。

图8-123

3.绘制上衣背面

① 将儿童套装上身正面的后衣领复制一份，并移动到画面的空白位置，如图8-124所示。

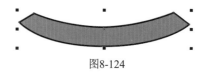

图8-124

② 绘制后片。使用工具箱中的"钢笔工具"，在后衣领下方参考前片的形态绘制图形，在属性栏中设置"轮廓宽度"为0.25mm，如图8-125所示。

③ 将图案面料复制一份，单击鼠标右键，在弹

出的快捷菜单中选择"PowerClip内部"命令，在后片图形上单击，如图8-126所示。

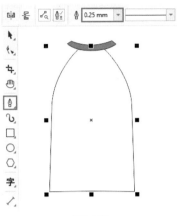

图8-125

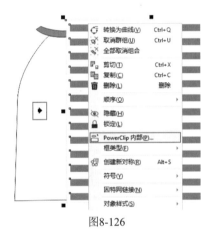

图8-126

④ 此时背面后片制作完成，效果如图8-127所示。

图8-127

⑤ 将儿童套装上衣正面的衣袖所有图形复制一份，并移动到背面位置，此时儿童套装上衣背面制作完成，效果如图8-128所示。

图8-128

4. 绘制裤子正面

① 使用工具箱中的"钢笔工具"，在画面的空白位置绘制裤腿图形。在界面底部的文档调色板中，设置"填充色"为孔雀蓝色，"轮廓色"为黑色，在属性栏中设置"轮廓宽度"为0.25mm，如图8-129所示。

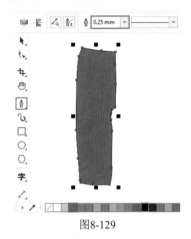

图8-129

② 选中裤腿图形，执行"效果"|"杂点"|"添加杂点"命令，在打开的"添加杂点"对话框中设置"噪声类型"为"高斯式"，"层次"为60，"密度"为50，"颜色模式"为"强度"，设置完成后单击OK按钮，如图8-130所示。

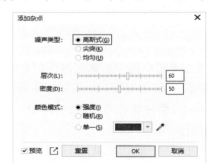

图8-130

❸ 此时效果如图8-131所示。

❹ 使用工具箱中的"钢笔工具"，在裤腿左上方的边缘位置绘制裤兜盖图形，在属性栏中设置"轮廓宽度"为0.25mm，如图8-132所示。

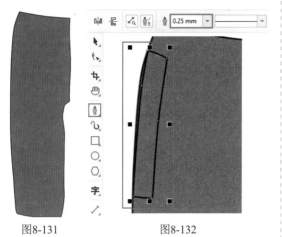

图8-131　　　　　图8-132

图8-134

❺ 在选中该图形的情况下，选择工具箱中的"交互式填充工具"，在属性栏中单击"均匀填充"按钮，设置"填充色"为稍浅一些的蓝色，如图8-133所示。

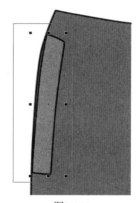

图8-135

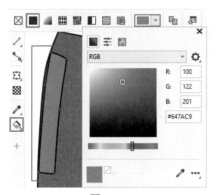

图8-133

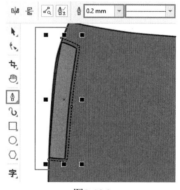

图8-136

❻ 选中该图形，执行"效果"|"杂点"|"添加杂点"命令，在打开的"添加杂点"对话框中，设置"噪声类型"为"高斯式"，"层次"为60，"密度"为75，"颜色模式"为"强度"，设置完成后单击OK按钮，如图8-134所示。

❼ 至此裤兜盖制作完成，效果如图8-135所示。

❽ 使用工具箱中的"钢笔工具"，在裤兜边缘绘制缉明线，在属性栏中设置"轮廓宽度"为0.2mm，并设置合适的虚线线条样式，如图8-136所示。

❾ 绘制裤脚。使用工具箱中的"钢笔工具"，在裤腿下方合适位置绘制裤脚图形。设置"填充色"为与裤兜相同的蓝色，"轮廓色"为黑色，在属性栏中设置"轮廓宽度"为0.25mm，如图8-137所示。

❿ 选中裤脚图形，执行"效果"|"杂点"|"添加杂点"命令，在打开的"添加杂点"对话框中，设置"噪声类型"为"高斯式"，"层次"为60，"密度"为75，"颜色模式"为"强度"，设置完成后单击OK按钮。效果如图8-138所示。

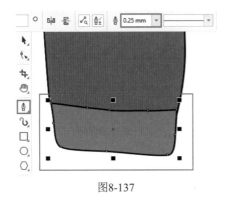

图8-137

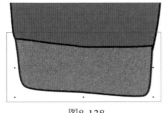

图8-138

⓫ 绘制裤脚处的图案。使用工具箱中的"钢笔工具"，在画面的空白位置按住Shift键的同时按住鼠标左键拖动，绘制一条直线，在属性栏中设置"轮廓宽度"为"细线"，如图8-139所示。

⓬ 选中该线条，按住鼠标左键向右拖动的同时按住Shift键将其水平移动，在合适位置时单击鼠标右键将其复制，如图8-140所示。

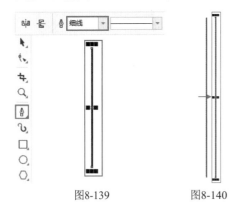

图8-139   图8-140

⓭ 在选中该线条的情况下，多次使用Ctrl+D组合键，快速移动并复制得到多个相同的线条。选中所有线条，使用Ctrl+G组合键进行组合，如图8-141所示。

⓮ 将线条图案复制一份，单击鼠标右键，在弹出的快捷菜单中选择"PowerClip内部"命令，在裤脚图形上单击，如图8-142所示。

图8-141

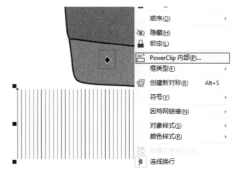

图8-142

⓯ 至此裤脚制作完成，效果如图8-143所示。

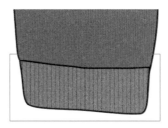

图8-143

⓰ 选中裤腿和裤脚所有图形，使用Ctrl+C组合键进行复制，使用Ctrl+V组合键进行粘贴，接着单击属性栏中的"水平镜像"按钮，如图8-144所示。

图8-144

⓱ 将图形移动到画面右侧合适位置，如图8-145所示。

图8-145

⑱ 使用工具箱中的"钢笔工具",在裆部绘制衔接线,接着在属性栏中设置"轮廓宽度"为0.25mm,如图8-146所示。

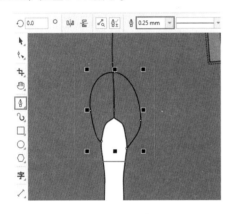

图8-146

⑲ 绘制裤腰。使用工具箱中的"钢笔工具",在裤腿上方的合适位置绘制裤腰的后片图形,设置"填充色"为稍灰一些的蓝色,"轮廓色"为黑色,在属性栏中设置"轮廓宽度"为0.25mm,如图8-147所示。

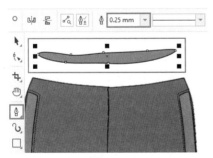

图8-147

⑳ 选中裤腰后片图形,执行"效果"|"杂点"|"添加杂点"命令,在打开的"添加杂

点"对话框中,设置"噪声类型"为"高斯式","层次"为60,"密度"为75,"颜色模式"为"强度",设置完成后单击OK按钮,如图8-148所示。

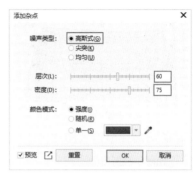

图8-148

㉑ 此时裤腰后片图形制作完成,效果如图8-149所示。

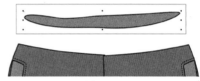

图8-149

㉒ 将线条图案复制一份,单击鼠标右键,在弹出的快捷菜单中选择"PowerClip 内部"命令,接着在裤腰后片图形上单击,如图8-150所示。

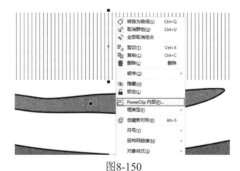

图8-150

㉓ 此时裤腰后片效果如图8-151所示。

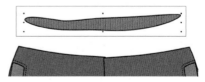

图8-151

㉔ 使用工具箱中的"钢笔工具",在裤腿上方

合适位置绘制裤腰的前片图形，设置"填充色"为蓝色，"轮廓色"为黑色，在属性栏中设置"轮廓宽度"为0.25mm，如图8-152所示。

图8-152

㉕ 选中裤腰的前片图形，同样添加"添加杂点"效果，如图8-153所示。

图8-153

㉖ 将线条图案复制一份，单击鼠标右键，在弹出的快捷菜单中选择"PowerClip内部"命令，在裤腰前片图形上单击，如图8-154所示。

图8-154

㉗ 使用工具箱中的"钢笔工具"，在裤腰下方绘制缉明线。在属性栏中设置"轮廓宽度"为0.3mm，并设置合适的虚线线条样式，如图8-155所示。

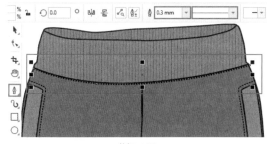

图8-155

㉘ 在该缉明线选中的情况下，使用Ctrl+C组合键进

行复制，使用Ctrl+V组合键进行粘贴，使用键盘上的"↓"键将其向下适当移动，如图8-156所示。

图8-156

㉙ 继续使用同样的方法，绘制其他缉明线，如图8-157所示。

图8-157

㉚ 使用工具箱中的"钢笔工具"，在裤腰左侧合适位置绘制图形，设置"填充色"为蓝色，在属性栏中设置"轮廓宽度"为0.25mm，如图8-158所示。

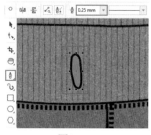

图8-158

㉛ 继续使用同样的方法，在裤腰右侧合适位置绘制另一个绳眼，如图8-159所示。

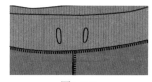

图8-159

㉜ 绘制抽绳。使用工具箱中的"钢笔工具"，在裤腰的中间位置绘制图形，设置"填充色"为与裤腿相同的蓝色，在属性栏中设置"轮廓宽

度"为0.25mm，如图8-160所示。

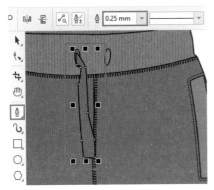

图8-160

③ 选中抽绳图形，同样执行"效果"|"杂点"|"添加杂点"命令，在打开的"添加杂点"对话框中设置"噪声类型"为"高斯式"，"层次"为60，"密度"为75，"颜色模式"为"强度"，设置完成后单击OK按钮，为抽绳添加杂点效果，如图8-161所示。

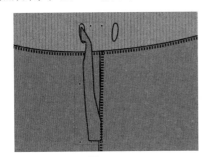

图8-161

③ 继续使用同样的方法绘制右侧抽绳，如图8-162所示。

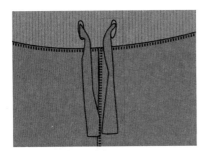

图8-162

③ 使用工具箱中的"钢笔工具"，在抽绳下方的合适位置绘制缉明线，在属性栏中设置"轮廓宽度"为0.2mm，并设置合适的虚线线条样式，如图8-163所示。

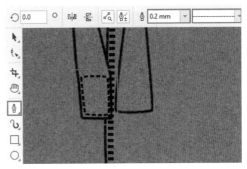

图8-163

③ 继续使用同样的方法绘制其他缉明线，如图8-164所示。

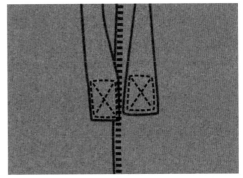

图8-164

③ 此时儿童套装裤子正面制作完成，效果如图8-165所示。

图8-165

5.绘制裤子背面

① 将正面裤腿和裤脚复制一份，移动到画面的空白位置，如图8-166所示。

图8-166

② 绘制裤腰后片。使用工具箱中的"钢笔工具"，在裤腰的位置绘制图形，设置"填充色"为与裤腰相同的蓝色，在属性栏中设置"轮廓宽度"为0.25mm，如图8-167所示。

图8-167

③ 选中裤腰后片图形，执行"效果"|"杂点"|"添加杂点"命令，在打开的"添加杂点"对话框中设置"噪声类型"为"高斯式"，"层次"为60，"密度"为75，"颜色模式"为"强度"，设置完成后单击OK按钮。效果如图8-168所示。

图8-168

④ 将线条图案复制一份，单击鼠标右键，在弹出的快捷菜单中选择"PowerClip 内部"命令，在裤腰后片图形上单击，如图8-169所示。

⑤ 使用工具箱中的"钢笔工具"，在画面的合适位置绘制衔接线，在属性栏中设置"轮廓宽

度"为0.5mm，如图8-170所示。

图8-169

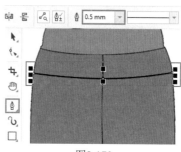

图8-170

⑥ 使用工具箱中的"钢笔工具"，在裤腰的边缘位置绘制缉明线，在属性栏中设置"轮廓宽度"为0.3mm，并设置合适的虚线线条样式，如图8-171所示。

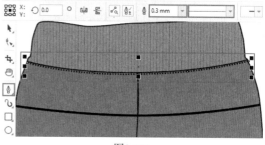

图8-171

⑦ 继续使用同样的方法绘制其他缉明线，如图8-172所示。

图8-172

8 使用工具箱中的"钢笔工具",在右裤腿的合适位置绘制图形,设置"填充色"为与裤腿相同的蓝色,在属性栏中设置"轮廓宽度"为0.25mm,如图8-173所示。

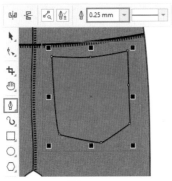

图8-173

9 选中裤兜图形,同样使用"效果"|"杂点"|"添加杂点"命令,如图8-174所示。

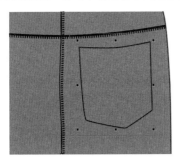

图8-174

10 使用工具箱中的"钢笔工具",在裤兜的边缘位置绘制缉明线,在属性栏中设置"轮廓宽度"为0.2mm,并设置合适的虚线线条样式,如图8-175所示。

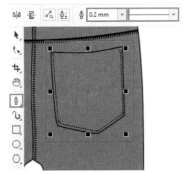

图8-175

11 继续使用同样的方法绘制其他缉明线,如图8-176所示。

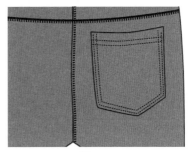

图8-176

12 至此本案例制作完成,效果如图8-177所示。

图8-177

第 *9* 章

网页设计

· **本章概述** ·

网页是用于承载和传播各种信息的页面，可以包含文字、图片、动画、音乐、程序等多种元素。网页设计分为两部分，即功能设计和形式设计，这两者是两个不同领域的工作。功能设计由程序员和网站策划人员等完成，而形式设计则是平面设计师的主要工作。形式设计主要包括编排文字、图片、色彩搭配、美化整个页面以及形成视觉上的美感。本章重点讨论的是网页形式设计，也称为网页美工设计。本章主要从网页的组成、网页的常见布局等方面来介绍网页设计。

9.1 网页设计概述

与传统的平面设计相比，网页设计更为复杂，因为它需要涵盖更为丰富的内容。网页设计是根据浏览者的信息需求进行网站功能策划的工作。对于设计师而言，网页设计的任务就是美化图片、文字、色彩、样式，以呈现完美的视觉效果。网页设计不仅要合理地安排各种信息的摆放，还必须考虑如何让受众在视觉享受中更加有效地接收网页上的信息。

9.1.1 网页的组成

网页的基本组成包括网页标题、网页页眉、网页的主体部分、侧边栏、弹出层、网页页脚等部分。

网页标题：通常位于网页的head标签中，是网页的一个重要组成部分，用于描述网页的主题或内容，并且会出现在浏览器的标签页上。在搜索引擎优化中，网页标题也被认为是重要的因素之一，可以影响网页在搜索结果中的排名。其一般使用品牌名称等，以帮助搜索者快速辨认网站，如图9-1所示。

网页页眉：是指位于网页顶部的一部分，通常包含网站的Logo、网站名称、导航栏以及一些其他的重要信息。它在整个网页中具有重要的定位作用，可以帮助用户快速了解网站的整体情况，并且方便用户在网站中进行导航和查找信息。因此，一个好的网页页眉设计不仅能够提升网站的美观度，还能够提高用户的使用体验和网站的可用性，如图9-2所示。

图9-1

图9-2

网页的主体部分：包含了网页的主要信息，可以是文字、图片、视频等形式，通常占据页面的大部分空间，如图9-3所示。

图9-3

侧边栏：通常放在主体内容区域的侧边，用于显示相关的信息，例如网站的最新动态、热门文章、广告等，如图9-4所示。

图9-4

弹出层：一种浮动在页面上的窗口，通常用于弹出广告、登录框、注册框、询问框等，如图9-5所示。

图9-5

网页页脚：通常放在页面的底部，包含一些网站的版权信息、联系方式、社交媒体链接等，如图9-6所示。

图9-6

9.1.2 网页的常见布局

在网页设计中，网页布局是至关重要的一个方面。过于繁杂的布局会造成视觉上的混乱，而一个合理舒适的布局不仅能带来视觉享受，也能提高用户的使用体验。常见的网页布局有多种类型，包括但不限于卡片式布局、分屏式布局、大标题布局、封面式布局、F型结构布局、倾斜型布局、中轴型布局、网格式布局等。

在设计网页布局时，需要考虑到网页的功能和内容，以及受众的需求和喜好。例如，卡片式布局适合展示多个独立的内容块，而分屏式布局则适合分割页面内容以便在较小的屏幕上查看。大标题布局强调标题和重点内容，而封面式布局则适合介绍产品或主题。F型结构布局和中轴型布局适合具有明确导航和内容结构的网站，而倾斜型布局则适合具有创意和时尚感的设计。网格式布局则适合展示大量的内容块，如新闻网站或图片分享网站。总之，合理的网页布局不仅可以提高用户的使用体验，还能增加网站的吸引力和效果。

卡片式布局：是由一个一个像卡片一样的单元组成。卡片式布局分为两种：一种是每个卡片的尺寸都相同，排列整齐标准；另一种是由不同尺寸的卡片组成，卡片没有固定的排序。这种布局方式常用于有大量内容需要展示的网页，如图9-7所示。

分屏式布局：将版面分为左右两部分，分别安排图片和文字。分割的面积能够体现信息的主次关系，而且分割线还具有引导用户视线的作用，如图9-8所示。

图9-7

图9-8

大标题布局：是将标题字号放大、字体加粗，这样能够增加文字的可读性，同时还可以通过图片和色彩辅助增加视觉冲击力，如图9-9所示。

图9-9

封面式布局：封面式布局常见于网站首页，

即利用一些精美的平面设计，结合一些小动画，放上几个简单的链接等组成的页面。这种布局方式多用于企业网站和个人主页，如图9-10所示。

图9-10

F型结构布局：页面最上方为横条网站标志和广告条，左下方为主菜单，右侧显示内容。此布局方式符合人们从左到右、从上到下的阅读习惯，如图9-11所示。

图9-11

倾斜型布局：可以为版面营造强烈的动感和不稳定氛围，使画面具有更强的律动性，如图9-12所示。

图9-12

中轴型布局：是将图片摆放在画面中轴的位置，在页面滚动的过程中，视线始终保持停留在中轴的位置，这种布局方式能够始终突出主体，还能够增加视觉冲击力，如图9-13所示。

图9-13

网格式布局：当网站中图片较多、内容较杂的时候可以选择网格式布局。网格式布局可以通过使用大小不同的网格来表达各种内容，这样不仅条理清晰，保持内容的有序，还能够提升用户体验，方便用户操作、使用，如图9-14所示。

图9-14

9.2 网页设计实战

9.2.1 实例：柔和色调网页设计

设计思路

案例类型：

本案例为一款影音播放与管理系统的官网首页设计项目，如图9-15所示。

图9-15

项目诉求：

产品本身为PC端和手机端均可使用的免费的影音播放与管理系统。无广告、无弹窗，给人方便快捷的影音文件管理以及纯粹专注的视听体验。在官网首页的设计中要求整体简洁清晰、突出软件的功能特点、页面布局合理，能够迅速吸引用户的注意力，让用户一目了然地了解软件的主要功能和特点。

设计定位：

本次设计旨在为用户提供一种简约清新的浏览体验。通过采用柔和的色调和简约的排版，该网页能够为用户带来耳目一新的感受，同时也能够使用户更加专注于产品本身。此外，为了适应移动端用户的需求，在设计中特别加入了手机元素，旨在让用户了解到该产品不仅可以在PC端使用，还可以在移动端下载使用。

配色方案

本案例采用高明度的配色方案，整体色调明亮轻快，以淡紫色系的渐变色为主色调。这种颜色温柔、浪漫，与白色的衬托相得益彰，整个画面给人干净、清爽的感觉。画面中还使用了少量的浅粉色，这种颜色同样让人联想到柔和和浪漫，与整个画面的氛围相符，如图9-16所示。

图9-16

版面构图

为了让访客能够快速了解产品信息，本网页采用简洁明了的模块化布局，并通过背景颜色的运用将不同主题内容区分开来。通过图文结合的方式展示产品，包括功能描述和数据对比，让信息更加直观且不枯燥，如图9-17所示。

图9-17

本案例制作流程如图9-18所示。

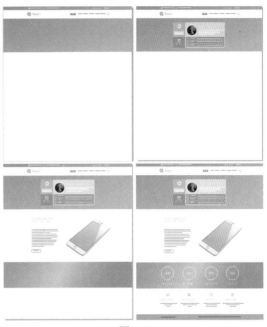

图9-18

技术要点

● 使用"交互式填充工具"为图形填充渐变色。

● 使用"文本工具"添加文字。

● 使用图框精确剪裁制作圆形图像。

操作步骤

1.制作网页导航栏

❶ 执行"文件"|"新建"命令，创建一个空白文档，如图9-19所示。

图9-19

2 选择工具箱中的"矩形工具"，在工作区中绘制一个与画板等大的矩形，如图9-20所示。

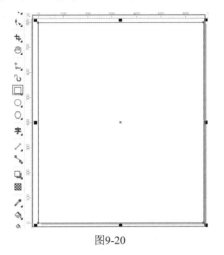

图9-20

3 选中矩形，在调色板中右击"无"按钮，去除其轮廓色，然后左击白色色块，为矩形填充白色，如图9-21所示。

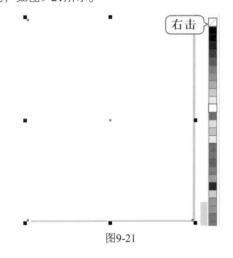

图9-21

4 继续使用工具箱中的"矩形工具"，在版面的顶部位置绘制一个矩形，如图9-22所示。

图9-22

5 选择该矩形，选择工具箱中的"交互式填充

工具"，在属性栏中单击"渐变填充"按钮，设置渐变类型为"线性渐变填充"，然后编辑一个从蓝色到粉色的渐变颜色，如图9-23所示。

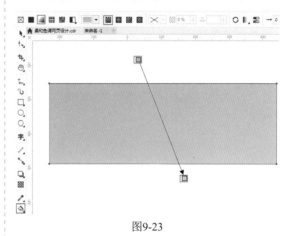

图9-23

6 在调色板中右击"无"按钮，去除其轮廓色，如图9-24所示。

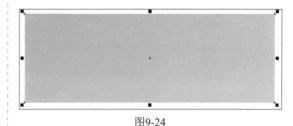

图9-24

7 执行"文件"|"打开"命令，在打开的"打开绘图"对话框中单击素材"1.cdr"，然后单击"打开"按钮，如图9-25所示。

图9-25

8 制作顶部的联系方式。在打开的素材中，选中"手机"图形，使用Ctrl+C组合键进行复制，接着返回刚刚操作的文档中，使用Ctrl+V组合键将其进行粘贴，并将其移动到画面上方位置，如

图9-26所示。

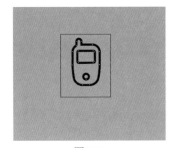

图9-26

❾ 在调色板中右击白色色块，将其轮廓色更改为白色，如图9-27所示。

图9-27

❿ 选择工具箱中的"文本工具"，在手机素材右侧单击鼠标左键，建立文字输入的起始点，在属性栏中设置合适的字体与字号，然后输入相应的文字，在调色板中设置文字颜色为白色，如图9-28所示。

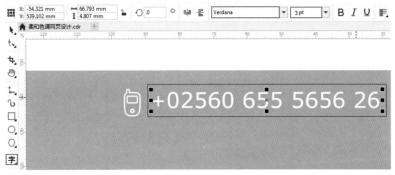

图9-28

⓫ 继续在打开的素材中复制"信封"素材，将其粘贴到操作的文档中，并移动到刚刚输入的文字右侧，然后将其颜色更改为白色，如图9-29所示。

⓬ 在信封右侧继续输入文字，如图9-30所示。

图9-29

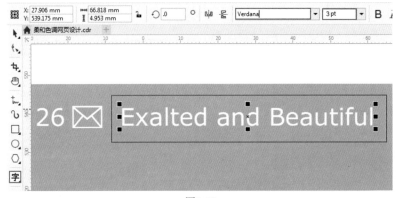

图9-30

⓭ 继续使用同样的方法复制其他素材到该文档内，将其摆放在画面右上方位置并为其更改颜色，然后在素材右侧继续输入适当的文字，如图9-31所示。

图9-31

⚃ 制作菜单栏。选择工具箱中的"矩形工具"，在刚刚输入的文字下方绘制一个矩形。选中该矩形，在调色板中右击"无"按钮，去除其轮廓色，然后左击白色色块，为矩形填充白色，如图9-32所示。

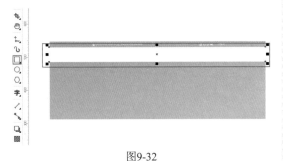

图9-32

⚄ 继续在打开的素材中复制"播放器"素材，将其粘贴到操作的文档中，并移动到刚刚绘制的矩形左上方，然后将其颜色更改为蓝灰色，如图9-33所示。

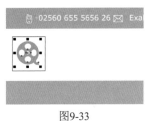

图9-33

⚅ 在播放器右侧继续输入相应的文字，如图9-34所示。

图9-34

⚆ 选择工具箱中的"矩形工具"，在白色矩形右侧绘制一个矩形。选中该矩形，在属性栏中单击"圆角"按钮，设置"圆角半径"为7.0px，

单击"相对角缩放"按钮，如图9-35所示。

图9-35

⚈ 在调色板中右击"无"按钮，去除其轮廓色，然后左击蓝灰色色块，为圆角矩形填充颜色，如图9-36所示。

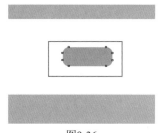

图9-36

⚉ 选择工具箱中的"文本工具"，在圆角矩形上方单击鼠标左键，建立文字输入的起始点，在属性栏中设置合适的字体与字号，然后输入相应的文字，在调色板中设置文字颜色为白色，如图9-37所示。

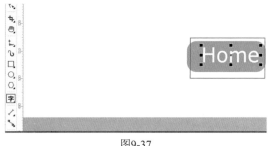

图9-37

⚀ 继续使用工具箱中的"文本工具"，在圆角矩形右侧输入其他文字，如图9-38所示。

图9-38

⚁ 继续在打开的素材中复制"搜索"素材，将

其粘贴到操作的文档中，并移动到刚刚输入的文字右侧，然后将其颜色更改为蓝灰色，如图9-39所示。

图9-39

2.制作网页顶部模块

❶ 选择工具箱中的"矩形工具"，在画面左上方绘制一个小矩形。选中该矩形，在属性栏中单击"圆角"按钮，设置"圆角半径"为4.0px，如图9-40所示。

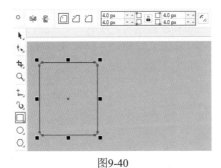

图9-40

❷ 选中该圆角矩形，双击位于界面底部状态栏中的"编辑填充"按钮，在打开的"编辑填充"对话框中设置"填充模式"为"均匀填充"，设置颜色为淡粉色，单击OK按钮提交操作，如图9-41所示。

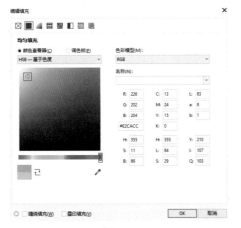

图9-41

❸ 在调色板中右击"无"按钮，去除其轮廓色，如图9-42所示。

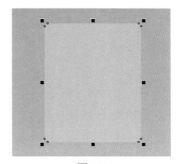

图9-42

❹ 继续在打开的素材中复制"主页"图标素材，将其粘贴到操作的文档中，并移动到刚刚绘制的圆角矩形上方，然后将其颜色更改为白色，如图9-43所示。

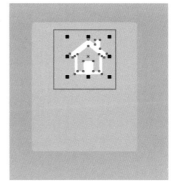

图9-43

❺ 选择工具箱中的"钢笔工具"，在"主页"图标下方绘制一条直线。选中该直线，在属性栏中设置"轮廓宽度"为0.3pt，在调色板中设置直线颜色为白色，如图9-44所示。

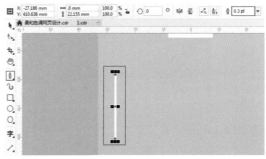

图9-44

❻ 继续在该直线右侧绘制一条较短的白色直线，如图9-45所示。

❼ 继续使用同样的方法在直线右侧绘制其他不同长度的白色直线，效果如图9-46所示。

图9-45　　　　　　　　图9-46

❽ 选择工具箱中的"矩形工具"，在刚刚绘制的圆角矩形下方再次绘制一个小矩形，选中该矩形，在属性栏中单击"圆角"按钮，设置"圆角半径"为4px，然后将其填充为蓝灰色，并去除其轮廓色，如图9-47所示。

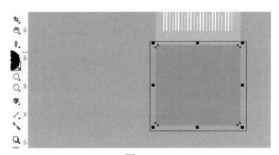

图9-47

❾ 继续在打开的素材中复制"闹钟"图标，将其粘贴到操作的文档中，并移动到刚刚绘制的圆角矩形上方，然后将其颜色更改为白色，如图9-48所示。

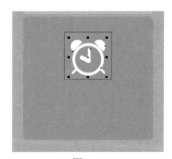

图9-48

❿ 选择工具箱中的"文本工具"，在圆角矩形上方单击鼠标左键，建立文字输入的起始点，在属性栏中设置合适的字体与字号，然后输入相应的文字，在调色板中设置文字颜色为白色，如图9-49所示。

⓫ 再次使用工具箱中的"矩形工具"，绘制一个稍大的矩形，并在属性栏中将其"圆角半径"设置为12px，然后将其填充色设置为淡粉色，去除其轮廓色，如图9-50所示。

图9-49

图9-50

⓬ 制作圆形头像。选择工具箱中的"椭圆形工具"，在淡粉色圆角矩形左上方位置按住Ctrl键的同时按住鼠标左键拖动，绘制一个正圆，如图9-51所示。

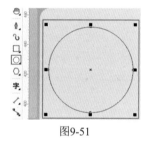

图9-51

⓭ 选中该正圆，在属性栏中设置"轮廓宽度"为0.3pt，在调色板中右击白色色块，如图9-52所示。

图9-52

⓮ 选择工具箱中的"椭圆形工具"，在刚刚绘制的正圆上方位置按住Ctrl键的同时按住鼠标左键拖动，绘制一个稍小的正圆，如图9-53所示。

⓯ 执行"文件"|"导入"命令，在打开的"导入"对话框中选择要导入的人物素材"2.jpg"，然后单击"导入"按钮，如图9-54所示。

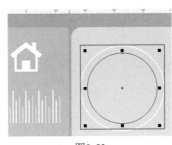

图9-53

图9-54

⓰ 在工作区中按住鼠标左键拖动，控制导入对象的大小。释放鼠标，完成导入操作。选中人物素材，执行"对象"|PowerClip|"置于图文框内部"命令。当光标变成黑色粗箭头时，在刚刚绘制的正圆上方单击，完成图框精确剪裁的操作，如图9-55所示。

图9-55

⓱ 选中创建图框精确剪裁的对象，在调色板中右击"无"按钮，去除其轮廓色，如图9-56所示。

图9-56

⓲ 选择工具箱中的"文本工具"，在人物素材右上方单击鼠标左键，建立文字输入的起始点，在属性栏中设置合适的字体与字号，然后输入相应的文字，在调色板中设置文字颜色为白色，如图9-57所示。

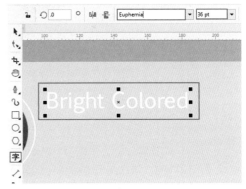

图9-57

⓳ 继续使用工具箱中的"文本工具"，在刚刚输入的文字下方按住鼠标左键从左上角向右下角拖动，创建文本框，如图9-58所示。

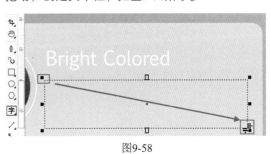

图9-58

⓴ 在文本框中输入相应的白色文字，如图9-59所示。

图9-59

㉑ 选择工具箱中的"矩形工具"，在段落文字

下方再次绘制一个矩形。选中该矩形，在属性栏中单击"圆角"按钮，设置"圆角半径"为2.5mm，将其"填充色"设置为蓝灰色，并去除其轮廓色，如图9-60所示。

图9-60

㉒ 继续使用同样的方法在其下方绘制不同颜色的圆角矩形，如图9-61所示。

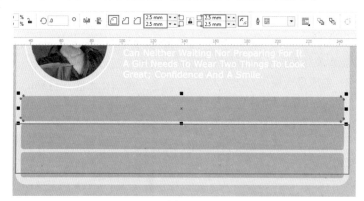

图9-61

㉓ 继续在打开的素材中复制"消息"图标，将其粘贴到当前操作的文档中，并移动到刚刚绘制的蓝灰色圆角矩形上方，然后将其颜色更改为白色，如图9-62所示。

图9-62

㉔ 使用工具箱中的"文本工具"，在"消息"素材右侧单击鼠标左键，建立文字输入的起始点，在属性栏中设置合适的字体与字号，然后输入相应的文字，在调色板中设置文字颜色为白色，如图9-63所示。

㉕ 选择工具箱中的"钢笔工具"，在刚刚输入的

文字右侧绘制一条直线，选中该直线，在属性栏中设置"轮廓宽度"为0.3pt，在调色板中右击白色色块，设置轮廓色为白色，如图9-64所示。

图9-63

图9-64

㉖ 继续使用同样的方法在画面下方的两个圆角矩形上方粘贴相应素材，并为其更改颜色，然后

输入合适大小的白色文字，最后绘制白色直线，如图9-65所示。

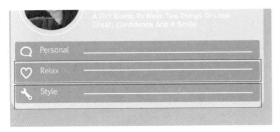

图9-65

3.制作网页产品展示模块

1 执行"文件"｜"导入"命令，在打开的"导入"对话框中选择要导入的手机素材"3.png"，然后单击"导入"按钮，如图9-66所示。

图9-66

2 在工作区中按住鼠标左键拖动，控制导入对象的大小，释放鼠标完成导入操作，如图9-67所示。

图9-67

3 选择工具箱中的"文本工具"，在刚刚导入的手机素材左上方位置单击鼠标左键，建立文字输入的起始点，在属性栏中设置合适的字体与字号，然后输入相应的文字，在调色板中设置文字颜色为蓝灰色，如图9-68所示。

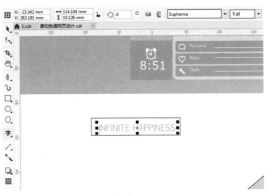

图9-68

4 继续在该文字下方输入其他文字，如图9-69所示。

图9-69

5 继续使用工具箱中的"文本工具"，在刚刚输入的文字下方按住鼠标左键从左上角向右下角拖动，创建文本框，然后在文本框中输入相应的白色文字，如图9-70所示。

图9-70

6 选择工具箱中的"矩形工具"，在段落文字下方绘制一个小矩形。选中该矩形，在属性栏中单击"圆角"按钮，设置"圆角半径"为4pt，"轮廓宽度"为0.3pt，在调色板中右击灰色色块，为圆角矩形更改轮廓色，效果如图9-71

所示。

❼ 选择工具箱中的"文本工具"，在刚刚绘制的圆角矩形上方单击鼠标左键，建立文字输入的起始点，在属性栏中设置合适的字体与字号，然后输入相应的文字，在调色板中设置文字颜色为灰色，如图9-72所示。

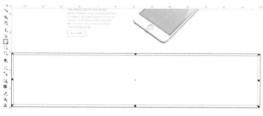

图9-71　　　　　　　图9-72

4.制作网页数据展示模块

❶ 选择工具箱中的"矩形工具"，在导入的手机素材下方绘制一个矩形，如图9-73所示。

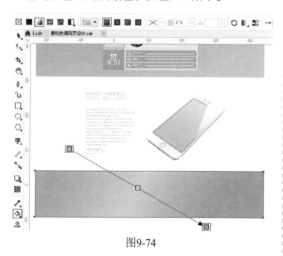

图9-73

❷ 选中该矩形，选择工具箱中的"交互式填充工具"，在属性栏中单击"渐变填充"按钮，设置渐变类型为"线性渐变填充"，然后编辑一个从蓝色到粉色的渐变颜色，如图9-74所示。

图9-74

❸ 在调色板中右击"无"按钮，去除其轮廓色，如图9-75所示。

图9-75

❹ 选择工具箱中的"椭圆形工具"，在刚刚绘制的矩形左上方位置按住Ctrl键的同时按住鼠标左键拖动，绘制一个正圆。选中该正圆，在属性栏中设置"轮廓宽度"为0.2pt，在调色板中右击白色色块，为正圆更改轮廓色，如图9-76所示。

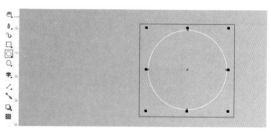

图9-76

❺ 选择工具箱中的"文本工具"，在刚刚绘制的正圆上方单击鼠标左键，建立文字输入的起始点，在属性栏中设置合适的字体与字号，然后输入相应的文字，在调色板中设置文字颜色为白色，如图9-77所示。

图9-77

❻ 继续在打开的素材中复制"握手"素材，将其粘贴到当前操作的文档中，并移动到刚刚绘制的正圆下方，然后将其颜色更改为白色，如图9-78所示。

❼ 选择工具箱中的"文本工具"，在"握手"素材右侧单击鼠标左键，建立文字输入的起始点，

在属性栏中设置合适的字体与字号，然后输入相应的文字，在调色板中设置文字颜色为白色，如图9-79所示。

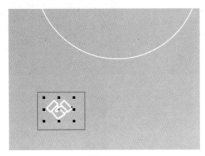

图9-78

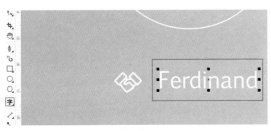

图9-79

⑧ 继续使用同样的方法在刚刚绘制的正圆右侧制作其他数据展示效果，如图9-80所示。

图9-80

5.制作网页底栏部分

① 在打开的素材中复制"底栏标志"素材，将其粘贴到当前操作的文档中，并移动到画面下方合适位置，然后将其颜色更改为紫色，如图9-81所示。

图9-81

② 使用工具箱中的"文本工具"，在"底栏标志"素材下方单击鼠标左键，建立文字输入的起始点，在属性栏中设置合适的字体与字号，然后输入相应的文字，在调色板中设置文字颜色为灰色，如图9-82所示。

图9-82

③ 继续使用工具箱中的"文本工具"，在该文字下方输入其他文字，如图9-83所示。

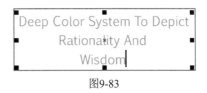

图9-83

④ 继续使用同样的方法制作其他底栏标志效果，如图9-84所示。

图9-84

⑤ 选择工具箱中的"矩形工具"，在底栏标志下方绘制一个矩形，如图9-85所示。

图9-85

⑥ 选中该矩形，在调色板中右击"无"按钮，

去除其轮廓色，然后左击灰色色块，为矩形填充
颜色，如图9-86所示。

图9-86

7 继续使用工具箱中的"文本工具"在灰色矩
形上方添加文字，如图9-87所示。

图9-87

8 此时柔和色调的网页设计制作完成，效果如
图9-88所示。

图9-88

9.2.2 实例：婚礼主题网页设计

设计思路

案例类型：

本案例为婚礼服务企业的官网首页设计项
目，如图9-89所示。

图9-89

项目诉求：

企业作为高端的婚礼服务公司，主要提供
包括婚戒的定制、婚纱的定制、婚礼策划等一
系列服务。企业要求通过网页整体设计，以及
色彩、字体、排版等方面的选择和搭配，突出
企业的高端定位，让用户感受到品质与服务。

设计定位：

作为高端婚礼服务企业，可以网页视觉
的独特性来体现与其他企业的不同之处，可以
选择一些非传统的颜色来营造高端、别致的氛

围。同时企业的专业性需要得到强调，可以在页面中展示定制婚戒、婚纱等的服务项目，以及婚礼策划师的资历和经验，突出企业的专业性和品质。

配色方案

整个画面采用的是有彩色和无彩色对比的配色方案，页面中使用了多张黑白照片和灰色的模块，展现高端品质的同时也避免了画面颜色杂乱的问题。但如果整个网页都是黑色、白色、灰色，那么就会导致画面过于压抑。本案例使用了中明度的青蓝色，这种颜色介于绿色和蓝色之间，具有清新、优雅、高贵的特性。适度地使用非传统的颜色可以树立企业专业、高端、独特的形象，如图9-90所示。

图9-90

版面构图

当前网页采用了非常规整的布局方式，自上而下将版面切分为多个高度接近的区域，下方的区域又进一步切分为多个"卡片"，每个区域放置不同的内容。自上而下，每个区域的信息内容逐步增加。循序渐进式的浏览体验，可以更好地传递信息，同时也可以增加浏览时间。需要注意的是，采用这种布局方式第一张图一定要精彩，才能够吸引用户逐步浏览到下方产品推荐区，如图9-91所示。

本案例制作流程如图9-92所示。

图9-91

图9-92

技术要点

- 使用图框精确剪裁调整图像大小。
- 使用"透明度工具"制作半透明图片。
- 使用造型功能制作对话框图形。

操作步骤

1.制作网页顶栏及广告

❶ 执行"文件"|"新建"命令，新建一个合适大小的空白文档。执行"文件"|"导入"命令，将素材"2.jpg"导入画面中，调整合适大小并放置在画面的最上方，如图9-93所示。

图9-93

2 选择工具箱中的"矩形工具"，在素材"2.jpg"上按住鼠标左键拖动，绘制一个矩形，并填充任意颜色，如图9-94所示。

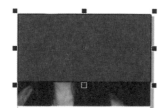

图9-94

3 选中素材，执行"对象"|PowerClip|"置于图文框内部"命令，然后在矩形上方单击，如图9-95所示。

图9-95

4 选择工具箱中的"矩形工具"，在素材的左上方按住鼠标左键拖动，绘制一个矩形，并去除其轮廓色，将其填充为白色，如图9-96所示。

图9-96

5 选择工具箱中的"文本工具"，在刚才绘制的矩形的上方单击插入光标，接着输入文字内容。选中该文字，在属性栏中设置合适的字体与字号，并将文字颜色更改为青色，如图9-97所示。

图9-97

6 继续使用相同的方法在画面右上角绘制一个白色矩形，并添加文字内容，如图9-98所示。

图9-98

7 选择工具箱中的"矩形工具"，在刚才输入的文字右方按住鼠标左键拖动，绘制一个矩形，并去除其轮廓色，将其填充为深灰色，如图9-99所示。

图9-99

8 选中刚才绘制的矩形，按住Shift键的同时按住鼠标左键向下拖动，移动到合适位置后单击鼠标右键，完成移动并复制的操作，如图9-100所示。

图9-100

❾ 使用Ctrl+D组合键进行再制，完成菜单按钮的制作，如图9-101所示。

Menu

图9-101

❿ 再次使用工具箱中的"文本工具"，在人物的右侧空白位置输入文字。选中该文字，在属性栏中设置合适的字体与字号，并将文字颜色更改为白色，如图9-102所示。

⓫ 选择工具箱中的"矩形工具"，在下方的文

字外侧按住鼠标左键拖动，绘制一个矩形，并将轮廓色设置为白色，填充为"无"。在属性栏中设置"圆角半径"为12.0px，如图9-103所示。

图9-102

图9-103

2.制作产品展示模块

❶ 执行"文件"|"导入"命令，将素材"8.jpg"导入画面中，调整合适大小，并放置在画面中，如图9-104所示。

图9-104

❷ 选择工具箱中的"矩形工具"，在素材的上方按住鼠标左键拖动，绘制一个矩形，并去除其轮廓色，将其填充为白色，如图9-105所示。

图9-105

❸ 选中刚才绘制的矩形，使用Shift+PgDn组合键将该矩形移动到版面的最下方，如图9-106所示。

❹ 选中素材"8.jpg"，执行"对象"|PowerClip|"置于图文框内部"命令，然后在矩形上方单击鼠标左键，如图9-107所示。

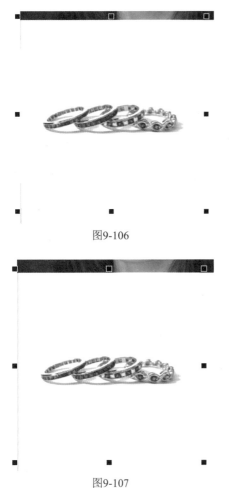

图9-106

图9-107

5 使用工具箱中的"文本工具"，在素材下方空白位置输入文字。选中该文字，在属性栏中设置合适的字体与字号，并将文字颜色更改为黑色，如图9-108所示。

PROMISES
This is a story about love

图9-108

6 导入素材"7.jpg"，并放在合适位置，然后使用图框精确剪裁调整素材大小，如图9-109所示。

图9-109

7 使用工具箱中的"矩形工具"，在玫瑰花素材上方按住鼠标左键拖动，绘制一个矩形，并去除其轮廓色，将其填充为白色，如图9-110所示。

图9-110

8 选中矩形，选择工具箱中的"透明度工具"，在属性栏中单击"均匀透明度"按钮，设置"透明度"为25，如图9-111所示。

图9-111

9 使用工具箱中的"文本工具"，在半透明矩形的上方依次输入文字。分别选中输入的文字，在属性栏中设置合适的字体与字号，并将文字颜色更改为合适的颜色，如图9-112所示。

图9-112

⑩ 选择工具箱中的"2点线工具"，在最下方文字的上方，按住Shift键的同时按住鼠标左键拖动，绘制一条直线，如图9-113所示。

图9-113

⑪ 选中这条直线，双击界面底部的"轮廓笔"按钮，在打开的"轮廓笔"对话框中设置"颜色"为青绿色，"宽度"为1.0 px。设置完成后单击OK按钮提交操作，如图9-114所示。

图9-114

⑫ 选中刚才绘制的细线，按住Shift键向下拖动，移动到合适位置后单击鼠标右键，完成移动并复制的操作，如图9-115所示。

⑬ 继续使用相同的方法制作剩余的模块，如图9-116所示。

图9-115

图9-116

3.制作网页底栏

❶ 使用工具箱中的"矩形工具"，在画面底部位置按住鼠标左键拖动，绘制一个矩形，并去除其轮廓色，将其填充为深灰色，如图9-117所示。

图9-117

❷ 使用工具箱中的"文本工具"，在刚才绘制的矩形上方添加文字，并为文字选择合适的字体与字号，如图9-118所示。

图9-118

❸ 使用工具箱中的"2点线工具"，在文字下

方绘制直线，并设置轮廓色为白色，如图9-119
所示。

图9-119

❹ 制作版面右下方的联系方式。使用工具箱中
的"矩形工具"，在画面底部右下侧位置按住鼠
标左键拖动，绘制一个矩形，并去除其轮廓色，
将其填充为黄色，如图9-120所示。

图9-120

❺ 选中绘制的矩形，使用工具箱中的"形状工
具"，拖动控制点调整圆角半径，如图9-121
所示。

图9-121

❻ 选择工具箱中的"椭圆形工具"，按住鼠标
左键拖动，绘制一个椭圆图形，并去除其轮廓
色，将其填充为深褐色，如图9-122所示。

❼ 选择工具箱中的"钢笔工具"，在椭圆的左
下方以单击的方式绘制一个三角形，并去除其轮
廓色，将其填充为深褐色，如图9-123所示。

图9-122 图9-123

❽ 按住Shift键单击加选刚才绘制的椭圆图形和
三角图形，单击属性栏中的"焊接"按钮，如
图9-124所示。

图9-124

❾ 使用工具箱中的"文本工具"，在黄色圆角
矩形上方依次添加文字，如图9-125所示。

图9-125

❿ 此时本案例制作完成，效果如图9-126所示。

图9-126

电商美工设计

· 本章概述 ·

随着电商的飞速发展，越来越多的商家入驻电商平台。在激烈的竞争中，电商美工设计也变得尤为重要。电商平台中美工设计需要将图像、文字、图形等元素进行有机结合，将信息更有效地传递给消费者。购物网页设计的好坏会直接关系到店铺的经营状况以及品牌的宣传与推广效果。本章主要从认识电商美工、电商网页的主要组成部分、电商网页的常见风格等方面来介绍电商美工设计。

10.1 电商美工设计概述

10.1.1 认识电商美工

电商美工是随着电子商务的兴起而发展的职业，是对网店美化工作者的统称。在日常工作中，电商美工主要包括以下几项工作。

1. 网店店铺装修

网店店铺装修与实体店的装修的意思是相同的，都是为了让店铺变得更美，更具吸引力。在网店装修过程中，设计人员需要尽可能通过图片、文字、色彩的合理运用，让店铺更加美观。

2. 制作主题海报

在不同季节、不同节日，平台都会推出一些促销活动，为了吸引消费者，店铺需要制作一些相应的促销海报。

3. 对商品进行美化

在给商品拍照后，需要通过制图软件进行修饰与美化后才能上传到店铺中，美化后的照片更能够吸引消费者。

4. 内容编辑

上传商品照片后，还需要对商品进行介绍，展示商品信息，这类信息通常以图文结合的方式出现在产品的详情页中，详情页内容是否合理关系到消费者是否会购买该商品。

10.1.2 电商网页的主要组成部分

电商网站通常都由网站首页、产品详情页面两大类型的页面构成。网站首页通常包括店招、导航栏、店铺标志、产品广告以及部分产品模块，而产品详情页面则包括产品主图以及产品说明等信息。

1. 网站首页

网站首页就像商店的门面一样，代表着店铺的形象。通常分为促销区、产品展示区以及店铺信息区三个主要板块，如图10-1所示。

店招就是店铺招牌的意思，线下商店会在门口悬挂牌匾告诉客人店铺的名字和经营内容，网店店招也具有相同的作用。网店店招位于整个网页的最顶部，其中包括店铺名称、店铺标志、店铺经营标语、收藏按钮、关注按钮、促销商品、优惠券、活动信息/时间/倒计时、搜索框、店铺公告等一系列信息。除了店铺名称外，其他信息可以根据店铺的实际情况进行安排，如图10-2所示。

图10-1

图10-2

用户可以通过导航栏的指引快速跳转到另一个页面。在导航栏中通常包括店铺经营项目的分类、首页按钮和所有宝贝按钮，将经营项目进行分类到导航栏中可以让访客快速找到自己需要的商品，首页按钮可以让访客跳转到店铺首页，而所有宝贝按钮则可以展示店铺中的所有商品，如图10-3所示。

图10-3

2.商品详情页面

商品详情页面的目的是更详尽地将商品介绍给消费者，消费者通过浏览详情页面最后决定是否进行购买。详情页面中通常包括商品海报、商品参数、细节展示、商品优势、配件物流和宝贝主图等几项内容。

1）商品海报

商品海报是消费者对商品的第一印象，需要将商品的特点尽可能表现出来，从而激发消费者的购买欲望。

2）商品参数

在详情页面中需要让消费者更加全面地了解商品信息，例如商品的尺寸、颜色、材质、使用方法、内部构造等。

3）细节展示

细节展示是对商品的详细描述，是将商品参数中的重点方面进行扩大化的讲解。

4）商品优势

在同一电商平台中，存在着非常多的同质化商品。消费者通常会货比三家，这时就需要将商品优势展现出来，尽可能地展现出竞争者没有的特征，从而激发消费者的购买欲望。

5）配件物流

配件物流通常会放在详情页面的末端，会介绍商品打包方法、物流信息等事项。

6）宝贝主图

宝贝主图就是商品的商品图，通过发布主图，可以吸引消费者的注意和查看。宝贝主图具有两方面的意义，一方面在详情页面中作为商品的第一张图展现给消费者；另一方面在搜索页面中直接展示出来。尤其是在搜索页面中，出现的都是同类产品，能够从众多同类产品中脱颖而出的宝贝主图就显得至关重要。可以说，选择一张优秀的宝贝主图是提高点击率、转化率和收藏的关键，如图10-4所示。

图10-4

10.1.3 电商网页的常见风格

随着电商行业的发展，电商网页也演化了不同风格，选择符合店铺的设计风格不仅可以宣传品牌形象，同时还可以帮助商品的销售。

1.国潮风格

"国潮"是将中国传统美学与现代设计思维巧妙地融合，既能体现文化特色，又符合当下潮流。国潮风格中常见的元素有水墨元素、传统图案、传统建筑、传统服饰、吉祥色彩等。

2. C4D风格

C4D是一款三维制图软件，因其常用于电商美工设计领域，且其视觉效果独特而自成一派。简单来说，C4D风格就是由三维元素构成，具有颜色艳丽、效果灵活、空间感强的特征。由于画面中的元素皆可通过建模与渲染得到，所以应用广泛、不设限。无论是小清新感、卡通感或是炫酷感的效果，其都可实现，如图10-5所示。

图10-5

3.动态风格

相对于静止画面，动态的画面显然更具有吸引力。动态元素既可以运用在网店的宣传广告中，也可以运用在产品信息的展示中，如图10-6所示。

图10-6

4. 插画风格

插画风格也是电商美工领域中常见的风格之一。插画可运用的领域和受众十分广泛，可根据产品类型或营销需求选择适合的画风及元素，生动的插画配上产品信息或促销信息，表现力十足，如图10-7所示。

图10-7

5. 霓虹风格

霓虹灯五光十色、璀璨华丽，将霓虹元素应用在电商网页中，既可以给人带来神秘精致、酷炫之感，又可以轻松打造出科技感和未来感，如图10-8所示。

图10-8

6. 简约风格

在信息多元化的今天，越来越多的电商网站选择简约风格。简约风格具有简洁明快、直观大方的特点，在信息大爆炸的今天，能够让访客在最短时间内了解信息，也不失为一种明智的选择，如图10-9所示。

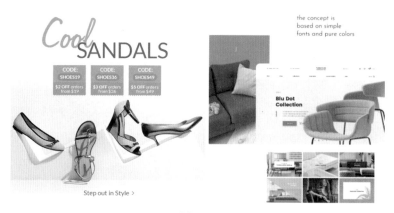

图10-9

10.2 电商美工设计实战

10.2.1 实例：电商平台文具主图

设计思路

案例类型：

　　本案例为应用于电商平台中的文具类产品的主图设计项目，如图10-10所示。

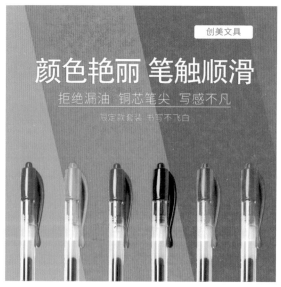

图10-10

项目诉求：

　　这款产品是一款六色按压圆珠笔，其宣传图主要用于电商平台的产品主图。主图需要展现出产品多彩且具有差异化的特点，以吸引消费者在搜索页面中最先看到该产品。

设计定位：

　　在该文具类产品的主图设计中，采用了简洁的构图风格，将设计的重心放在了倾斜的彩色背景上，通过鲜艳的多彩色调吸引消费者的目光，从而更好地展现产品的多彩特性和吸引力。同时，为了达到与众不同的效果，注重差异化的设计，力求让产品在搜索页面中脱颖而出，最先被消费者发现和点击，从而促进销售和提高转化率。

配色方案

　　在这款文具类产品主图中，采用了多种鲜艳的色彩搭配，如蓝色、红色、黄色等高饱和度的颜色，这些色彩能够快速吸引消费者的注意力，让他们更容易注意到产品。同时，整体色调需要保持一定的统一性，以避免过多的颜色混杂造成视觉上的混乱。文字采用纯白色，以突出产品的信息，同时平衡画面色彩氛围，不至于让色彩过于丰富而失去重心，如图10-11所示。

图10-11

版面构图

　　整个画面构图简单，倾斜的多彩背景为画面增加了空间感和韵律感，前景中的产品和文字较少，这样能够在瞬间吸引访客的注意力并快速传递产品的信息。底部的产品整齐排列，展示了产品多彩的属性特征，排列方式和后侧的背景形成反差，并且配合鲜明的颜色，使其更加抢眼、突出，如图10-12所示。

图10-12

本案例制作流程如图10-13所示。

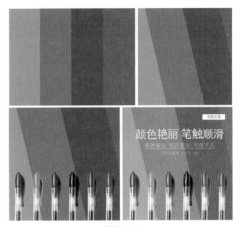

图10-13

技术要点

● 使用图框精确剪裁隐藏产品局部。
● 使用"文本工具"添加文字。
● 使用"阴影工具"为标题文字添加阴影。

操作步骤

1.制作多彩背景部分

❶ 执行"文件"|"新建"命令，新建一个方形空白文档，然后使用工具箱中的"矩形工具"，在画板外部按住鼠标左键拖动，绘制一个矩形，如图10-14所示。

❷ 选中矩形，选择工具箱中的"交互式填充工具"，单击属性栏中的"均匀填充"按钮，单击"填充色"按钮，设置填充色为青色，然后右击调色板中的"无"按钮，去除矩形的轮廓色，如图10-15所示。

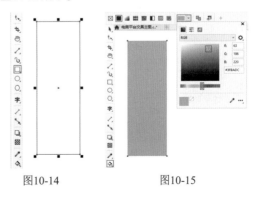

图10-14　　　　　图10-15

❸ 选中刚才绘制的矩形，按住Shift键向右移

动，移动到合适位置后单击鼠标右键，完成移动并复制的操作，如图10-16所示。

4️⃣ 按Ctrl+D组合键进行再制，将矩形复制两份，如图10-17所示。

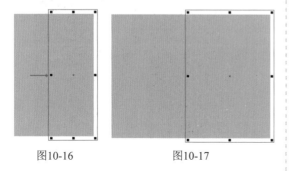

图10-16　　　　　图10-17

5️⃣ 分别更改刚才复制的矩形的颜色，如图10-18所示。

图10-18

6️⃣ 使用工具箱中的"选择工具"，按住Shift键单击加选这四个矩形，再次单击鼠标左键，拖动顶部中间的控制点，进行倾斜变形，如图10-19所示。

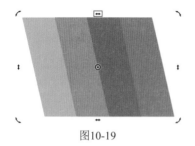

图10-19

7️⃣ 双击工具箱中的"矩形工具"按钮，绘制一个与画板等大的矩形，去除其轮廓色，并填充任意颜色，如图10-20所示。

8️⃣ 再次加选四个不同颜色的变形矩形，执行"对象"|PowerClip|"置于图文框内部"命令，单击刚才绘制的矩形，如图10-21所示。

9️⃣ 选中创建图框精确剪裁的对象，单击"编辑"

按钮，进入图文框内部，加选图形使用"选择工具"调整图形位置，如图10-22所示。

图10-20

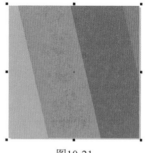

图10-21

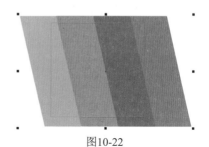

图10-22

🔟 调整完成后，单击"完成"按钮，提交操作，如图10-23所示。

图10-23

2.制作文字和产品部分

1️⃣ 选择工具箱中的"文本工具"，在画面中单击插入光标，接着输入文字内容。选中文字，在属性栏中设置合适的字体与字号，将文字颜色更改为白色，如图10-24所示。

图10-24

❷ 选中刚才输入的文字，选择工具箱中的"阴影工具"，按住鼠标左键向右拖动，至合适位置后释放鼠标，完成阴影的添加。在属性栏中设置"阴影颜色"为黑色，"合并模式"为"乘"，"阴影不透明度"为14，"阴影羽化"为5，如图10-25所示。

图10-25

❸ 继续使用工具箱中的"文本工具"，在下方依次添加文字，如图10-26所示。

图10-26

❹ 使用工具箱中的"2点线工具"，在第二行文字下方按住Shift键的同时按住鼠标左键向右拖动，绘制一条直线，将直线的轮廓色设置为白色，如图10-27所示。

❺ 使用工具箱中的"矩形工具"，在画面的右上方按住鼠标左键拖动，绘制一个矩形，并去除其轮廓色，填充为白色。接着在属性栏中设置"圆角半径"为3.0px，如图10-28所示。

图10-27

图10-28

⑥ 使用工具箱中的"文本工具"，在刚才绘制的矩形上方添加文字，并为文字选择合适的字体与字号，将文字颜色更改为黑色，如图10-29所示。

图10-29

⑦ 加选文字和后方白色圆角矩形，单击属性栏中的"移除前面对象"按钮，如图10-30所示。

图10-30

⑧ 导入素材"1.png"，调整素材大小并放到合适的位置上，如图10-31所示。

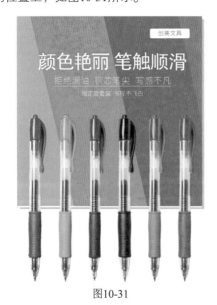

图10-31

⑨ 使用工具箱中的"矩形工具"，按住鼠标左

键拖动，绘制一个与画板等大的矩形，并填充任意颜色，如图10-32所示。

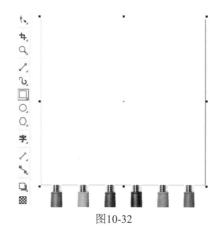

图10-32

⑩ 选中素材，执行"对象"|PowerClip|"置于图文框内部"命令，在刚才绘制的矩形上方单击，此时本案例制作完成，效果如图10-33所示。

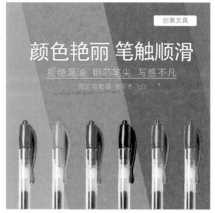

图10-33

10.2.2 实例：空气清新剂轮播图广告

案例类型：

本案例为用于电商平台中的空气清新剂的网页轮播图广告设计项目，如图10-34所示。

图10-34

项目诉求：

该产品以"清新空气，愉悦生活"为口号，适用于居家、办公室、酒店等室内场所。广告既要展现出品牌文化，又要与产品清新、自然的柠檬香型属性相匹配。

设计定位：

根据产品特性，广告风格要倾向于自然、清新、健康。提到清新、自然，便让人联想到春天生机勃勃、活力满满的景象。因此，本案例选择使用明度和纯度都比较高的黄色和绿色，以此来吸引受众的注意力。同时搭配柠檬图像元素，可以让消费者在第一时间就能准确了解产品特性。

配色方案

产品本身为柠檬香型，使用柠檬果皮的黄色作为主色调再自然不过。绿色是大自然最好的代表色，充满了生机与活力，而且产品包装盒中也有绿色，版面中点缀绿色与产品产生呼应。黄色和绿色色相相邻，以小面积奶白色区域进行调和，三者搭配在一起既可以避免艳丽颜色带来的视觉刺激，又可以打破单一色彩的平铺直叙，使

画面更加灵动洒脱，如图10-35所示。

图10-35

版面构图

限于广告投放区域的尺寸要求，当前广告版面篇幅较宽，在横幅的版面中需要放置产品图像和广告语。本案例采用左图右文的形式，产品及装饰物位于画面左侧，右侧排布广告语与产品的品牌信息。为避免版面呆板，在背景中添加了能够倾斜分割版面的白色液体元素，如图10-36所示。

图10-36

本案例制作流程如图10-37所示。

图10-37

技术要点

● 使用"阴影工具"制作图形凸起效果。

● 使用"阴影工具"为文字添加阴影，增加立
体感。

操作步骤

1. 制作广告中的图像部分

1 执行"文件"|"新建"命令，新建一个宽度
为950px，高度为450px的文档。双击工具箱中
的"矩形工具"按钮，绘制一个与画板等大的
矩形，并去除其轮廓色，将其填充为黄色，如
图10-38所示。

图10-38

2 使用工具箱中的"椭圆形工具"，按住Ctrl键
的同时按住鼠标左键拖动，绘制一个正圆，并去
除其轮廓色，为其填充一个比背景色稍深的黄
色，如图10-39所示。

3 选中刚才绘制的正圆，按住鼠标左键拖动，

移动到合适位置后单击鼠标右键完成复制，适当
调整复制正圆的大小，如图10-40所示。

图10-39

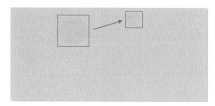

图10-40

4 继续使用相同的方法复制正圆，依次调整正
圆的大小和位置，如图10-41所示。

图10-41

5 执行"文件"|"导入"命令，置入素材
"1.png"，将素材放到合适位置并调整其大
小，如图10-42所示。

图10-42

6 执行"文件"|"导入"命令，导入素材
"2.png"和素材"3.png"，分别将素材放到合
适位置并调整其大小，如图10-43所示。

7 使用工具箱中的"钢笔工具"，在产品左侧
绘制一个水滴图形，并去除其轮廓色，将其填充
为白色，如图10-44所示。

图10-43

图10-44

❽ 选中刚才绘制的图形，选择工具箱中的"阴影工具"，单击属性栏中的"内阴影"按钮，然后在水滴图形上方拖动为图形添加内阴影，接着在属性栏中设置"合并模式"为"乘"，"阴影不透明度"为12，"阴影羽化"为15，如图10-45所示。

图10-45

❾ 使用工具箱中的"文本工具"，在画面中单击插入光标，接着输入文字内容。选中文字，在属性栏中设置合适的字体与字号，并设置"旋转角度"为23.0°，如图10-46所示。

图10-46

❿ 继续使用相同的方法制作剩余两组装饰图案以及文字，如图10-47所示。

图10-47

2.制作广告标志以及文字

❶ 使用工具箱中的"矩形工具"，按住Ctrl键的同时按住鼠标左键拖动，绘制一个正方形，并在属性栏中设置"圆角半径"为2.0px，"轮廓色"为白色，"轮廓宽度"为2.0px，将其填充为绿色，如图10-48所示。

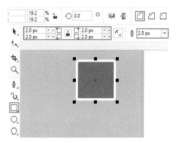

图10-48

❷ 使用工具箱中的"椭圆形工具"，在按住Ctrl键的同时按住鼠标左键拖动，绘制一个正圆，并去除其轮廓色，将其填充为白色，如图10-49所示。

❸ 选中正圆，按住鼠标左键拖动，至合适位置时单击鼠标右键，将正圆复制一份，如图10-50所示。

图10-49　　　　图10-50

❹ 使用工具箱中的"钢笔工具"，在刚才绘制的图形下方绘制一条线条，将路径的轮廓色设置为白色，在属性栏中设置"轮廓宽度"为2.0px，如图10-51所示。

❺ 使用工具箱中的"文本工具"，在绿色矩形的下方单击插入光标，然后输入文字。选中文字，在属性栏中为文字选择合适的字体与字号，并设置字体颜色为白色，如图10-52所示。

图10-51　　　　　图10-52

⑥ 继续使用工具箱中的"文本工具"，在版面右侧添加文字，设置字体颜色为白色，如图10-53所示。

图10-53

⑦ 选中刚才输入的文字，选择工具箱中的"阴影工具"，单击属性栏中的"阴影工具"按钮，在文字上方拖动添加阴影。在属性栏中设置"阴影颜色"为橘黄色，"合并模式"为"乘"，"阴影不透明度"为50，"阴影羽化"为15，如图10-54所示。

图10-54

⑧ 继续使用相同的方法制作剩余的文字以及文字的阴影效果，如图10-55所示。

图10-55

⑨ 选择工具箱中的"矩形工具"，在最下方的文字上方按住鼠标左键拖动，绘制一个矩形，在属性栏中设置"圆角半径"为24.0px，并去除其轮廓色，将其填充为绿色，如图10-56所示。

图10-56

⑩ 选中刚才绘制的圆角矩形，多次使用Ctrl+PgDn组合键，将该图形移动到文字后方，如图10-57所示。

图10-57

⑪ 此时本案例制作完成，效果如图10-58所示。

图10-58